U0279166

植物进化的故事

何祖霞 著

The Story
of Plant
Evolution

上海科学技术出版社

图书在版编目(CIP)数据

植物进化的故事 / 何祖霞著. —上海：上海科学
技术出版社，2018.6

ISBN 978-7-5478-3937-9

Ⅰ.①植… Ⅱ.①何… Ⅲ.①植物－进化－普及读物
Ⅳ.①Q941-49

中国版本图书馆CIP数据核字（2018）第045550号

植物进化的故事

何祖霞　著

上海世纪出版（集团）有限公司
上海科学技术出版社　出版、发行
（上海钦州南路71号　邮政编码200235　www. sstp. cn）
上海盛通时代印刷有限公司印刷
开本　889×1194　1/32　印张　8
字数　190千字
2018年6月第1版　2018年6月第1次印刷
ISBN 978-7-5478-3937-9/N · 145
定价：59.00元

本书音频由上海新闻广播和上海科学技术出版社联合制作

本书如有缺页、错装或坏损等严重质量问题，请向工厂联系调换

推荐序一

　　自然界隐藏着太多的秘密，人类对自然的探索和发现永无止境。近年来，中国的科学研究得到长足的发展，如何将这些科学研究的最新成果介绍给普通公众，是科研和科普工作者义不容辞的责任。习近平主席指出，科技创新、科学普及是实现创新发展的两翼，要把科学普及放在与科技创新同等重要的位置。没有全民科学素质的普遍提高，就难以实现创新驱动发展。

　　生物多样性知识的科普是一项艰巨的工程，同时也是一项光荣的使命。如何找出生物与生物之间、生物与环境之间的普遍联系，挖掘生物多样性背后的故事，使每一个物种都成为鲜活的生命跃然纸上，而不仅仅是生物物种名录中一个个冰冷的拉丁学名，尚需科技工作者积极参与，开展大量细致的工作。

　　上海辰山植物园科普部负责人何祖霞历时三年时间完成的《植物进化的故事》一书，便是很好的尝试。阅读本书，觉得有几点特别值得肯定。一是系统性，本书囊括了植物进化思想史、植物进化史及植物的营养器官、繁殖器官适应性进化的方方面面；二是科学性，本书的几乎每篇小故事都有科学文献依据，特别是参考了众多近年来最新发表的植物进化的相关案例；三是启发性，本书从作者生活和工作的身边植物开始，循序渐进，逐步解读植物内在的进化机制，最后引发读者的思考，这不仅是科学知识的揭示，更是科学精神的普及。此外，文中大量的插图和叙事式的解读方式增加了本书的趣味性和可读性，使故事中的主角植物更加形象生动。

　　何祖霞曾经参加了我主编的《中国常见植物野外识别手册》系列丛书，并主持了"衡山册"的编写工作，得到了读者广泛的好评。这次撰写的这本科普图书，是在植物种类识别的基础上，深度挖掘植物演化背后故事的有益尝试，相信会受到许多爱问"为什么"的朋友喜爱。何祖霞于中国科学院华南植物园植物学专业获得硕士学位，受到了良好的科学训练；毕业后曾在湖南科技大学从事植物学的教学工作，系统地梳理了植物学知识和重要的研究进展；近年来在上海辰山植物园科普部工作，面向公众策划组织了大量的科普实践活动。她的学习和工作经历，无疑为完成本书奠定了坚实的基础。

　　本书科学有趣，读则受益。祝贺作者佳作即将付梓，更希望有更多的同行加入科普队伍，为全民科学素质的提高和创新发展的科学文化建设服务。是为序。

研究员

世界自然保护联盟亚洲区会员委员会主席

国际生物多样性计划中国委员会秘书长

北京生态学学会理事长

2018年3月

推荐序二

　　自然世界丰富多彩，变化万千，生物之间存在着千丝万缕的联系。人们对植物的认识经历了漫长的过程。19世纪以前，唯心论和形而上学占据统治地位，上帝创世说和物种不变的观念束缚着人们的思想。直到1859年达尔文发表《物种起源》一书，才逐渐将上帝从自然界驱逐出去，第一次对整个生物界的发生、发展做出了唯物的、规律性的解释，成为人类历史上第二次重大科学突破。

　　达尔文的进化论不仅解释了生命世界的起源和演化，而且对于复杂的人类社会，也产生过极大的影响。然而，多数人对于生物进化论的认知可能仅限于"物竞天择、适者生存"，无法举出生活中关于进化论的实例！不用担心，《植物进化的故事》这本书就提供了许多有趣的案例，而且这些案例非常贴近我们的生活。读完这本书，我们就会发现许多常被忽略的一些植物或现象，原来还藏着那么多秘密，一时会让我们有种顿悟的感觉，不由得赞叹"原来如此！""自然太神奇了！"

　　的确，这是一本充满奥秘和智慧的科普书。作者以达尔文进化论的诞生、植物的起源和演化历程、植物营养器官和繁殖器官对环境的适应性进化，植物营养方式的多样性以及植物与动物之间的协同进化等内容为主线，将有趣的案例融入全书50个有趣的故事中，配以精美的图片，娓娓道来，条理清晰，语言活动生动，读之欲罢不能。

　　人类对植物、对自然的认识不断深入，植物学家们正努力拨开其层层面纱，深入了解植物之间、植物与其他生物之间以及植物与无机环境之间的内在联系。本书正是搭建了植物学家与公众之间的桥梁，用科普的语音诠释科学的内容，将深奥、枯燥的植物知识科学地转化为通俗易懂的植物故事。

我一向认为，好的科普读物不仅应科学性和趣味性缺一不可，还要加入新知识，即最新的科学研究进展，最好还能图文并茂，引导和培养读者（特别是孩子们）喜爱和探寻自然的兴趣。令人欣慰的是，这本书都做到了。读完这本书，带着生物进化论的观点，哪怕看到路边的一片树叶、一朵花，或许都会引人驻足思考。

本书的读者群可以是青少年、大学生及自然爱好者，相信会对读者科学认知的提高有较大的帮助。书中没有武断的结论，仅仅代表了当前的主流观点，而且留有许多猜想和探索空间。书中所引证的科学信息均来自权威参考文献，并列在书后，以引导读者深入阅读。本书鼓励读者和自然建立较为密切的关系，倡导读者去观察自然，从自然探索中发现复杂多样的植物之间的内在联系，进一步领悟事物之间是普遍联系的深刻道理，培养青少年透过现象看本质的探索能力。不管将来或现在从事什么职业，相信读者均能从中受益、丰富人生。

何祖霞老师最先从事植物学研究，到大学任教数年后，再到上海辰山植物园任职，现在专注于科普教育理论的探讨和实践。她工作在一线，策划组织过许多有创意的科普活动，了解公众的科普需求，科普经验极为丰富。本书历时三载，即将与读者见面。在此，除向何祖霞老师表示衷心祝贺外，也很高兴读者们多了一本介绍植物进化的好书。

深圳市中国科学院仙湖植物园科研管理中心主任
深圳市南亚热带植物多样性重点实验室主任
中国植物学会苔藓专业委员会副主任
2018年4月

前　言

　　我其实不喜欢"进化"二字，因为它深深烙上了人类高高在上的印痕；这里我将这个词用于植物是希望借此说明植物在自然界也同样是高高在上的。

　　达尔文说，"物竞天择，适者生存"。在自然界中，每一个生命都是被动选择和主动适应的结果，无所谓高贵与低贱，无所谓进化与退化，没有目标，没有方向。只有"自私的基因"在每个物种的"骨子"里作祟，无畏各种艰难困苦，不顾各种人伦道德，它们只想要存活下去、复制下去……即便是看上去无欲无求的植物。

　　人类总喜欢毫不掩饰地炫耀自己在自然界的主宰地位，譬如水稻育种，我们可以制造出高秆的也可以制造出矮秆抗倒伏的，我们可以制造出高产低蛋白的也可以制造出低产高蛋白的，我们可以将水稻种在又咸又涩的海水中也可以将水稻种在干旱贫瘠的山坡上……在水稻育种上，人类似乎如同上帝一样几乎无所不能！然而，《植物的欲望》（The Botany of Desire）的作者给我们揭示了一个惊天的秘密：水稻也许才是人类的主宰，它凭借数不胜数的种子里微薄的淀粉和蛋白，却吸引各种肤色的男男女女穷尽生生世世为之忙碌。至此，我们不禁要问：究竟是谁选择谁呢？

　　我从自然选择的角度写的这本《植物进化的故事》，从另一个角度来认识我们身边的花草树木。在自然界中，变异无处不在、无时不在、没有方向、没有欲望。但自然选择是有目的的，总是朝着适应生存的方向，逐渐淘汰掉不利的变异，选择积累对植物生存繁衍有利的变异，因此存活下来的植物越来越适应周边的环境。

本书从物种起源、营养生长、繁殖传播、协同进化四个方面，以故事的形式，介绍达尔文自然选择学说的产生和渊源，并结合我的一些亲身经历和体会，透过植物丰富多彩的表象，感受植物与环境相互选择和协同演化的动力。

"物种起源篇"记述了达尔文自然选择学说的发现历程和地球早期生命的发现历史。读史可以明智，我们只有了解过去方可感知现在和预见未来。我将科学史和自然史放在一起看似有些牵强，但是二者的联系也是显而易见的，我也希望读者能从自然史中获得更多新的启发。"营养生长篇"和"繁殖传播篇"分别从植物的营养生长、生殖生长两个不同的阶段来介绍植物的性状及其适应性。对于植物表现出来的性状适应性（即各种形态、生理和繁殖传播特征），其实我们很难判断哪些是原始的，哪些是进化的，也很难确定植物的明天将走向何方。但有一点很明确，即随着环境的变化，植物会发生适应性进化。这时候，植物性状的简化或退化其实也是一种进化。"协同进化篇"讲述了植物与植物、动物、环境之间的精妙适应关系，借此希望读者有更多的思考。

我不会杜撰科学知识，书中所有科学信息均来自科学文献资料。本书的最后罗列了部分论文书目清单，这既是本书撰写过程中的重要参考文献，也是读者能进一步拓展兴趣的阶梯。

本书中的知识不一定面面俱到，但尽可能视角独特；有些观点也不可能百分之百正确，随着时间的推移有可能被推翻，但也尽可能代表当前的科学主流观点；有的问题甚至还没找到答案，抛出这些问题，希望能拓展读者的思考空间。

关于植物进化的故事有千千万万，浩如烟海，能讲的故事也非常多，如何才能将自然的发展规律简洁明了地阐述出来，可谓费尽了我的心思。这三年来，我经历了从茫然无措、徘徊犹豫到定心向前的心路历程，真心希望与读者一起分享这段旅程。常常地，我犹如在一条进化之曲径上漫游，走走看看，遇到故事丰饶的园地便被吸引了去，多作停留，但进化之路上的自然真的太神奇了，哪怕是地上的一枚叶片都可以让我产生很多联想，常常是弃之不舍。我又如在大海边拾贝的女孩，欢快地拾捡着一些闪耀的贝壳，呈现给大家，希望有更多的人能够透过这些贝壳，去聆听大海的涛声。

我分别请了三类不同的人来审阅书稿。一是我的爱人和同事，他们有着较扎实的植物科学研究基础，提出了很多补充性的建议，让本书尽可能多地涉及植物进化的方方面面；二是我十多岁的女儿，她代表了走在时代前沿的青少年，她说我的书最好是以讲故事的形式，每一篇文字不要太长，配以趣味的漫画会更吸引人；三是我的兄弟姐妹，他们不懂植物专业，很少阅读植物相关的科普书，他们说，我书中的故事一方面要更贴近生活，要在日常生活中稍加留意便能观察到，还要通俗易懂，另一方面要讲些少见但很有趣的例子，能让人过目不忘。我采纳了他们好的建议，斟字酌句，改之又改，希望当他们看到我这本正式出版的书时不至于失望。借此，对他们的建议和帮助致以衷心的感谢。

我力求达尔文的自然选择理论能贯穿全书，希望每一篇与植物切身接触的文章，都能引发大家对植物进化的思考和探索。我也衷心希望，广大读者能不只看到自然界的各种表象，而是透过这些自然现象去发现、去探索那些表象背后的故事。

"植物进化的故事"拟题简单，我不想用"智慧""聪明"等人类的主观评价来描述植物，而用最朴素的文字静静地讲述一些它们背后的故事。至于聪明与否，我想植物应该不用我们来评价。同时，即使植物具有智慧，也由于我个人知识面有限，写作水平不足，本书也难以将其一一呈现。

谨以此书献给所有关心帮助过我的人！

2018 年 4 月

目录 CONTENTS

推荐序一

推荐序二

前言

CHAPTER ONE
物种起源篇

天堂的玫瑰也有刺　　　　2

达尔文的环球之旅　　　　6

《物种起源》的问世　　　12

化石中的秘密　　　　　　17

遥想数亿年前的地球　　　21

最早登陆的植物　　　　　24

寻找地球上的第一朵花　　29

那些已经灭绝的植物　　　35

目 ◇ 录
CONTENTS

CHAPTER TWO
营养生长篇

40　根之百变

46　树木究竟能长多高

49　攀缘者的特技

53　自然旋转的舞台

58　植物的数学密码

62　我的仙人掌情缘

66　萌宠竟成恶魔

70　瓦砾间的奇迹

74　吸光大比拼

78　叶形变幻记

82　植物中的大力士

86　结识槲寄生

90　菟丝子的寄生

94　腐朽中见神奇

98　懒惰的捕猎手

CHAPTER THREE
繁殖传播篇

104　海带上的污斑

107　植物王国的小矮人

111　蕨叶背后的故事

116　花枝招展的世界

121　大自然的揽客之道

126　来自老虎须的困惑

129　鼠尾草也懂杠杆

134　疯狂的兰花

猴面兰的忧伤　139
食人花之谜　143
种子中的巨无霸　149
轻如尘埃的种子　153
种子的飞翔　157
勾搭有理　162
植物的克隆　166

CHAPTER FOUR
协同进化篇

达尔文的预言　174
号角树的护卫兵团　179
懂规矩的寄生蛾　184
是牢笼也是天堂　189
高山上的塔黄　194
兰花的欺骗行当　198
西番莲与纯蛱蝶的较量　203
带毒的乳草　208
"芋叶怪圈"之谜　213
金合欢树上的烽火台　217
有远见的吃货　221
揭开生死守护之谜　225

延伸阅读　228

中文名和学名对照　230

致谢　234

一粒沙中见世界，一朵野花中见天国。

——威廉·布莱克《纯真预言》

丰富多彩的植物妆点着地球，爱刨根究底的人类在思索这一切从何而来，是上帝创造的？各物种之间到底有没有亲缘关系？随着人们对自然的进一步认识，神创论遭到科学家们的质疑。1859年达尔文发表《物种起源》，提出了"物竞天择，适者生存"的生物进化论，引发了全世界的大轰动。

对自然的探索永无止境，透过埋藏在地层里的化石，科学家寻找着植物进化的证据。从地球生命的形成、真核生物的诞生、植物成功登陆到种子植物的大爆发，植物演化经历了漫长的数十亿年。

花是被子植物的主要特征，花是如何起源的？花的本质是什么？世界上究竟产生了多少个物种？为何大多数物种都已灭绝？……

一切都还得从物种起源开始说起哦！

天堂的玫瑰也有刺

"我是谁?"

"我从哪里来?"

"我要到哪里去?"

这三大终极哲学问题,穷尽了无数代人的智慧,至今都没能给出满意答案,但却被人时常提起。

现代文明诞生之前,世界各地流行的是"神创论"。无论是《圣经》上说的上帝造人,还是中国古代的女娲造人传说,人们都信以为真,不容置疑。更有甚者,1650年,一位爱尔兰的大主教厄谢尔(James Ussher)竟然还"精确"地算出,人类是上帝在公元前4004年10月23日上午9点创造出来的,也就是说,人类是在6 000多年前诞生的。

神创论认为,万物是上帝创造的,生物的种类是永恒不变的,纯洁而简单。"神的旨意"一度被统治者们所推崇,并禁锢着人们的思想。

上帝是完美的,是不可能做半截子工程的,上帝所创造的万物也理所当然的完美。一个近乎完全一样的物种广布于世界各地,似乎很好地证明了这一观点。然而,世界上的生物如此丰富,恐怕是上帝也没有想到的吧。即使是天堂的玫瑰也应该是有刺的,随着社会的发展,"神创论"的完美性不断遭到了人们的质疑。

　　法国博物学家布丰（Georges Leclerc de Buffon）是最早对"神创论"提出质疑的科学家之一。1739年，布丰被任命为法国御花园的总管，他设立专门的博物研究机构，吸引了许多旅行家、医生和博物学者，也因此收集了来自世界各地的动植物及矿物标本。这些有关自然科学的丰富素材为后来的研究提供了依据，也将法国公众的兴趣引向生物学领域。

　　1749—1788年，当人们还在用"创世纪"的观点解释宇宙起源的时候，布丰就陆续出版《自然史》总论和各论共36册。书中他第一次将神学排斥于科学研究之外，对自然界作了唯物主义的解释，提出"物种是可变的"观点，震惊了全欧洲学术界，也对物种可变性和进化论的思想起着积极的启蒙作用。但是，他未能详细描述物种变化的根本原因和进化方法，具有明显的时代局限性。

　　法国博物学家拉马克（Jean B. Lamarck）是进化论最早的推动者。1809年，他第一个公开向全世界宣布："世界上的一切生物都不是上帝创造的，而是由其他生物进化而来的。"在他出版的《动物学哲学》中提出，物种是可变的，生物本身存在着的一种内在"意志力量"驱动着生物由低等级向高等级发展。而且他还认为，环境的变化会引起生物的变化，生物经常使用的器官会逐渐发达，不使用的器官会逐渐退化。

　　以长颈鹿的长脖子为例，拉马克认为长颈鹿祖先的脖子并不长，它们的后代在生存竞争中为了吃到树梢上的嫩叶子，脖子不断伸长，这种脖子伸长的性状可以传给下一代，经过一代代累积，就变成了今天所见长颈鹿的长脖子。这就是拉马克论述进化原因的著名观点——"用进废退"和"获得性遗传"。无论今天看来正确与否，但在当时有力地推动了进化理论进一步向前发展。

　　由于拉马克的观点与当时占统治地位的"物种不变论"存在着很

大的冲突，他受到敌对势力的打击和迫害，导致他的后半生在贫穷与冷漠中度过。晚年的拉马克双目失明，忍受病痛的折磨，但仍顽强地让幼女柯尼利娅做笔录，坚持写作，把毕生精力都奉献给了生物学研究。

然而由于当时视野的局限性，包括拉马克在内的科学家们并未在野外找到任何线索来佐证他们所阐述的观点。因此在很长的一段时间内，"物种不变论"还是被广泛认定为"极为正统"的学说。

人们是在不断地探索中一步步接近真理的。19世纪末，德国的动物学家魏斯曼（August Weismann）做了著名的切老鼠尾巴的实验，在连续切了22代老鼠的尾巴后，第23代仍长出了尾巴。他由此提出了"种质论"，认为后天获得的性状是不可能被遗传的，从而否定了拉马克的"获得性遗传"理论。种质论的提出启迪了人们去深入研究遗传物质，从而相继发现了染色体、基因和DNA。

今天的我们已经知道，"使用"不会改变基因，也不会遗传，但却能最大限度地保证有优势的后代在生存和配偶竞争中获胜，从而使变异的性状得以保留。

1749—1788年，法国博物学家布丰陆续出版《自然史》总论和各论，最早对"神创论"提出了质疑，认为物种不是一成不变的。1809年，法国博物学家拉马克出版《动物学哲学》，公开反对神创论，认为物种是可变的，是由其他生物进化而来的，并提出了"用进废退"观点。

达尔文的环球之旅

达尔文的物种起源与进化论思想先后写进了大学、中学甚至小学的课本。然而，这一伟大思想的诞生是与历时五年的"小猎犬号"环球科学考察之旅分不开的，同时也与达尔文的勤奋和对自然的长期思索分不开，他的进化思想的萌发与欧洲社会的文化背景更是分不开。

1809年2月12日，达尔文出生在英国，他的父亲是当地赫赫有名的医生，母亲是陶瓷制造业富商之女，富裕的家庭为达尔文的事业铺就了必不可少的经济基础。然而，少年时期的达尔文对过于严格保守的旧式学校生活不感兴趣，反而热衷于掏鸟蛋、钓鱼、采集各种标本等，他的父亲为此极为不满，认为丢了家族的脸面。

16岁时，达尔文被父亲送到爱丁堡大学去学医。进入大学第二年，他加入一个专注于博物学的学生团体，对博物学产生了浓厚的兴趣，喜欢跟在生物老师葛兰特（Robert E. Grant）的后面，对探索研究海洋无脊椎动物产生了兴趣，并且了解了拉马克的进化观点。

达尔文的父亲得知后，认为他"不务正业"，一怒之下于1828年送他到剑桥大学基督学院改学神学，希望他将来成为"尊贵的牧师"，有个稳定而体面的职业。然而，达尔文对神学院的神创论很是厌烦，把大部分时间用来听自然科学讲座。在那里，他加入了表兄福克斯及其朋友的圈子，热衷于在野外或沼泽地里收集甲虫。并且还跟随植物学教师亨斯洛（John Heslow）鉴别植物，跟随地质学教授塞奇威克

（Adam Sedwick）勘测地质史。逐渐地，达尔文的思想产生很大转变，开始对神秘的大自然充满浓厚的兴趣。

亚里士多德在《形而上学》中写到，"求知是人类的本性"。当时的欧洲社会，历经中世纪的黑暗之后，文艺复兴思潮带给人们巨大的思想解放，现代自然科学探索热潮开始萌动。达尔文厌倦了世俗生活，兴趣集中在探索和发现大自然的奥秘。

机会总是垂青有准备的人。在亨斯洛教授的推荐下，1831年12月27日，年仅22岁的达尔文受邀以博物学家的身份登上英国皇家军舰"小猎犬号"，从英格兰普利茅斯出发，环游地球一圈，于1836年10月2日返回英国。

这次的旅行异常艰难，船员们遭遇了异常频繁的危险天气，达尔文本人也时常受到病痛折磨而精神沮丧，但他没有忘记博物学家的身份，仍然坚持不懈地采集和记录所发生的一切。

达尔文没想到，当他踏上"小猎犬号"，生命科学的旅程随之彻底改变。历时五年的环球科学考察旅行，为达尔文提供了深入自然的机会，也让他拥有足够的时间进行思考。他记录了2 000多页日志，收获了1 500件浸制标本及近4 000件剥制骨骼和烘干标本。面对巨大的物种差异，他开始思考物种的由来问题，并开始怀疑神创论。

回英国后的几年内，达尔文近乎痴狂地整理旅行笔记，研究收集到的标本。渐渐地，他发现了一系列的证据，由此开始一步步走进仍然迷雾重重的演化生物学领域。

1838年10月，一个偶然的机会，达尔文看到了英国政治经济学家马尔萨斯（Thomas Malthus）的《人口论》（*Principle of Population*），书中论述了"生命体的繁殖能力十分惊人，其后代数量的增长总是远远超过环境所能够提供的资源的增长"。书中还指出，"人口数量的增

1831年12月27日，英国皇家军舰"小猎犬号"从英格兰普利茅斯出发，途经大西洋的佛得角群岛，沿南美南岸，经加拉帕戈斯群岛，越过太平洋，抵澳大利亚，经过毛里求斯、南非好望角，1836年10月2日返回英国。

长趋势，受着生存空间和食物供应量的限制，人类要为了生存而进行斗争"。达尔文受到启发，得出了"物种内个体存在着激烈的生存斗争，只有具有优势性状的个体才更可能多地获得生存机会"的自然选择理论。而且他果断推断出：自然选择成为进化的推动力量。

自然选择是一个筛子，能将有利的变异与不利的变异分开。有利的变异能通过自然选择而使变异的个体获得较好的生存和繁殖的机会，并将这些特性遗传给自己的后代；不利的变异则通过自然选择受到"惩罚"——个体死得早或后代数量少些。此处仍然以长颈鹿为例，长颈鹿祖先的后代有的脖子长，有的脖子短，脖子长的后代在采食方面更具优势，生存概率更大，所以经过长期选择，长脖子的性状就保留下来。在这一点上，达尔文与拉马克的"脖子伸长的性状可遗传，并代代累积，成为长脖子"解释完全不同，正确地突出了自然选择在进化中的作用。

1839年，达尔文发表《小猎犬号航海记》(The Voyage of the Beagle)，书中记载搭乘"小猎犬号"航行期间的见闻，他搜集了大量的实例和证据，有力地论证生物进化的思想，并成为后来发展出自然选择演化理论的基础之一，为二十年后《物种起源》的出版奠定了坚实的基础。

五年环球航海之旅，究竟发生了什么，竟能使一名"课业成绩平平"的大学生，渐进蜕变为引爆19世纪思想炸弹的巨人？仅仅只是机遇在造就传奇吗？

机会固然重要，自身积累更是关键。即便达尔文没有登上"小猎犬号"，自然选择理论也可能会诞生，只是稍微晚些而已。因为达尔文是一位"永远在问问题"的小伙子，对传统神创论的怀疑和对自然世界的细心观察也会使他成为有史以来最伟大的自然观察者。

科技发展到今天，富裕的中国人同样在世界各地旅行，会有新的"达尔文"诞生吗？

"小猎犬号"环球科学考察旅行异常艰难，达尔文仍然坚持不懈地采集和记录所发生的一切，历时五年的考察，他共记录了2 000多页的日志、收获了1 500件浸制标本和近4 000件剥制骨骼和烘干标本。

《物种起源》的问世

在很长的一段时间里，达尔文努力寻找着生物进化的证据。

1842年6月，达尔文写下了物种进化理论的简略摘要，但验证这个理论需要庞大而复杂的调查，使得出版一再推迟。直到1856年，达尔文才开始撰写有关物种起源的书作。一切都在有条不紊地进行着，一封信件的到来改变了这一进程。

那是在1858年2月的一天，达尔文正在家中研究有关"物种起源"问题，突然收到一份在马来群岛研究自然史的华莱士（Alfred R. Wallace）先生的手稿，题为"变种无限偏离原始类型的歧化倾向"，文中与他不谋而合地提出了以自然选择为基础的一些进化理论。达尔文震惊不已，不得不加快工作步伐。

同年7月1日，林奈学会会议上，在地质学家赖尔（Charles Lyell）和植物学家胡克（Joseph Hooker）的精心安排下，首次公布了达尔文所写草稿的摘要、达尔文写给格雷（Asa Gray）教授的信件摘要（1857年9月5日），以及华莱士的论文"变种无限偏离原始类型的歧化倾向"，对达尔文和华莱士的物种进化理论给予了充分的肯定。

1859年11月，达尔文的《物种起源》正式发表。华莱士敬佩达尔文的完美阐述，不得不承认达尔文对问题研究的深度和广度超过了自己，因此，豁达地将此理论称为"达尔文学说"，并甘愿成为达尔文的"骑士"。可惜的是，华莱士后来将灵学纳入自然科学，成为达尔

达尔文与《物种起源》手稿

文主义的"异端"，最终被贴上了"生物学背叛者"的标签。

　　在构思进化论时，达尔文也曾苦恼过：为何如此多的物种广布于世界各地，同一种植物为什么能在大洋洲和南美洲同时发现呢，难道只有上帝的创造才能解释这一切？

　　然而，经过长久的思索并在证据支持下，达尔文终于在《物种起源》这部书里，旗帜鲜明地提出了"进化论"的思想。他指出物种在不断地变化之中，由低级到高级、由简单到复杂演变。生物可以因所在环境的不同而发生适应性的改变，这就解释了"为什么在世界的不同角落，会有那么多不同的物种，即使同一物种也会发生不同程度的变异"。

《物种起源》的问世，犹如一石激起千层浪，第一次以全新的生物进化思想与大量的确凿证据，推翻了"神创论"和物种不变的理论。这在整个科学界乃至全世界引起不小的轰动，达尔文的名字也真正为人们所知晓。

变异是偶然的、无意识的，而偶然性的变异是进化的前提条件。达尔文深信，"选择的累积作用，似乎是最有影响力的力量"。他以家养条件下的变异为出发点，阐述了"自然造就了连续的变异，人类在对自己有用的方向上积累了这些变异"，并且"大量无意识并且缓慢累积起来的变化，导致我们无法辨认花园和菜园里长久栽培的植物野生原种"。

自然选择学说是达尔文自然进化论的核心，即"过度繁殖、生存竞争、遗传变异、适者生存"，认为生物都有无限制繁衍后代的欲望，而实际生存空间和能获取的食物是有限的，所以生物之间必须为生存而斗争。同一种群中存在着少量变异，有的变异更能适应环境，因此具有这些有利变异的个体将存活下来，并繁殖后代，不具有有利变异的个体就被淘汰。经过长期的自然选择，微小的变异得到积累而成为显著的变异，由此可能导致亚种甚至新物种的形成。

但是，变异的性状是如何遗传的呢？达尔文没能得出合理的解释，当时的科学家仍在不断探索。

1856—1863年，奥地利遗传学家孟德尔（Gregor J. Mendel）通过8年的豌豆杂交试验发现了性状的遗传规律，并在"植物杂交试验"论文中提出著名的基因分离和自由组合定律，即新的生物学特征是通过遗传因子的重组而产生的。

然而，在长达数十年的时间里，孟德尔遗传理论与达尔文进化论一直未能真正结合。哪些变异的性状会遗传给下一代，哪些不会遗传？达尔文及其追随者绞尽脑汁思考着，直到1882年4月19日达尔文去世后，他们依然在黑夜中摸索。

　　实践是检验真理的唯一标准。在经历了人类漫长的自然科学的探索过程之后，强调"物种变异，适者生存"的达尔文生物进化论才逐渐为科学家们所证实和接受。

　　虽然达尔文去世了，人们对物种进化理论的探讨仍然没有停止，越来越多的科学家认同进化论的观点，并对它逐渐补充和完善。后来，达尔文生物进化论，连同细胞学说与能量守恒定律，被恩格斯誉为"19世纪自然科学的三大发现"之一。

1859年11月,《物种起源》正式发表,达尔文在书中首次旗帜鲜明地提出了"进化论"的思想,第一次以全新的生物进化思想与确凿的大量证据,推翻了"神创论"和物种不变的理论,在整个科学界乃至全世界引起轰动。

化石中的秘密

地球生物的演化史就是一部地质变迁史，生物化石犹如一双"眼睛"，可凭借它眺望历史的深处，了解地球古生物的痕迹。

我第一次近距离地接触真正的化石，是在中国科学院南京地质古生物研究所。南京古生物博物馆中展示着不同地层的断层剖面，看到不同地质年代的岩石特点和植物留下的痕迹，令人十分震撼。时光似乎在这里静止，来自远方的幽远的记忆，似乎在指引着我们一步步走向那个远古的地质年代。

带着无比的好奇，那天我们跟着古生物所的科研人员来到了南京的郊外采挖化石。那是他们刚发现不久的一块"宝地"，因为开山修路，许多含有植物化石的地层几近显露出来，稍加挖掘便可见到。在科研人员的指导下，我们在二叠纪时期的地层中发现了许多以古代蕨类植物为主的印痕化石碎片，我才发现化石离我们并不遥远。

化石是埋藏在地层里的古代生物的遗物，主要发现于海相沉积岩中。植物残体埋藏在沼泽、湖泊、河流、海洋沉积之中，经过若干年后，大部分有机质都已分解，留下的未分解部分被压扁保存，成为压型化石，如果有机组织全被分解，则成为印痕化石。如果硅质、铁质或钙质溶液渗透到植物组织之中，使植物体或一部分植物体保存下来，则成为石化化石，如硅化木、树化玉等。大多数化石属于印痕化石，只有极少的化石出现在火山岩和变质岩中。

地质学家根据化石的类别、沉积岩形成的先后顺序以及放射性同位素的蜕变规律来测定地球的年龄和地质史，通常将地质史划分为5个地质年代：太古代（距今46亿～25亿年）、元古代（距今25亿～5.4亿年）、古生代（距今5.4亿～2.5亿年）、中生代（距今2.5亿～0.66亿年）和新生代（6 600万年前至今）。

在漫长的地质年代里，地球上曾经生活过无数的生物，这些生物的遗体或是生活时遗留下来的痕迹，许多被当时的泥沙掩埋起来。如果考虑到形成化石这一过程所需要的苛刻条件，也就不难理解为什么沉积岩中所保留下来的化石也只是远古动植物的很小一部分。

到目前为止，最早的蓝藻化石是在澳大利亚西部35亿年前的瓦拉鲁纳组（Warraroona Group）岩石中发现的，这些化石状似现代蓝藻中的隐球藻。化石记录表明，蓝藻在长达20多亿年的时间里一直处于繁盛状态。经过30亿年的长期演化，现代生存的蓝藻约2 000种，但在外部形态上似乎没有太大变化。

最早的真核细胞生物化石发现于中国河北18亿年前的地层，其细胞形态似绿球藻类。化石记录表明，大约十多亿年前，现存藻类中的主要门类几乎均已产生。

种子植物起源于泥盆纪晚期，并出现重大辐射演化，历经漫长的地质时期，现成为陆地植被的优势类群。目前，最早的种子植物化石记录多出自欧美地区的晚泥盆纪地层。虽然中国华南地区是早期维管植物辐射演化的中心之一，却一直缺乏泥盆纪种子的确切证据。

目前已知，最早的昆虫给裸子植物传粉的化石证据发现于中生代三叠纪早期，许多化石花粉的形态特征与今天依靠昆虫传粉的花粉相似。而且甲虫和蝇类化石的肠道内容物、翅膀结构以及口器形态也证明它们是早期的传粉者。

近年来，在内蒙古宁城县道虎沟村，古生物学家们找到了一处含大量古生物化石群的地层，发现了大约1.6亿年前的中生代晚期大量带羽毛恐龙及数量极其巨大的昆虫化石，其中一份侏罗纪中期的似银杏属化石格外引起植物学家的关注，它在形态上与现存的裸子植

植物进化地质年代表

代	纪	距今时间（年）	植物繁盛时期	
新生代	第四纪	0.026亿～	1亿年前～现在 被子植物时代	
	新近纪	0.23亿～0.026亿		
	古近纪	0.66亿～0.23亿		
中生代	白垩纪	1.45亿～0.66亿	2.4亿～1亿年前 裸子植物时代	
	侏罗纪	2.0亿～1.45亿		
	三叠纪	2.5亿～2.0亿		
古生代	二叠纪	3.0亿～2.5亿	3.65亿～2.4亿年前 蕨类植物时代	
	石炭纪	3.6亿～3.0亿		
	泥盆纪	4.2亿～3.6亿	3.95亿～3.65亿年前 裸蕨植物时代	
	志留纪	4.4亿～4.2亿	藻菌时代	10亿～3.95亿年前 藻类时代
	奥陶纪	4.8亿～4.4亿		
	寒武纪	5.4亿～4.8亿		
元古代	——	25亿～5.4亿		32亿～10亿年前 蓝藻时代 35亿年前 原核生物出现
太古代	——	46亿～25亿		38亿年前 生命起源

物银杏较为相似。这类早已灭绝的银杏科植物曾经在中生代广布世界各地。

　　在漫长的进化历程中，许多植物都已经变得"面目全非"，但有一批植物却始终保留着原来的形态特征，任它千锤百炼，依然不改数亿年前的模样。如曾与恐龙同时代的桫椤，经过一亿多年的时间，如今依然"仙风道骨"般"笑傲"山谷。而从第四纪冰川存活下来的千年古树银杏，静守于寺庙旁，受到人们的膜拜。历经岁月的沧桑，它们堪称植物界的"活化石"。

古生物学家在道虎沟村发现似银杏化石，与现存裸子植物银杏较为相似。叶由扇形叶片和明显的柄组成，叶柄长达2.5厘米，叶片深裂至叶柄顶端，叶脉明显，基部二分叉，中部平行。

遥想数亿年前的地球

数十亿年前一片繁芜的地球是如何孕育出生命的？

达尔文的祖父伊拉斯谟斯·达尔文（Erasmus Darwin）是位很有远见的人，他曾经在马车上招摇地发表他的观点"一切生物皆来自海里的贝壳"。当然，在那个年代，他的观点只能被嘲笑。但是，通过科学的探索，今天我们已经知道：生命的确起源于原始海洋！

那么植物是如何一步步走出海洋的呢？通过大量的化石证据和研究推测，科学家基本了解了地球生命形成的大致历程。

科学家通过长期观察和研究，推测在一场巨大的爆炸中，高密度的物质碎片不断膨胀扩张，逐渐形成了整个宇宙系统。大约在距今46亿年前，太阳及其行星已经诞生，地球由太阳周围的一些残骸碎片凝聚而成。在形成之初，地球主要由岩浆构成，炙热无比，高温岩浆不断喷发，释放出水蒸气、二氧化碳等，构成了非常稀薄的原始大气。随着温度的下降，水蒸气凝结成水滴降到地表，汇流成原始海洋。

目前已知最早的生命痕迹出现在太古代。距今38亿～35亿年，原始海洋中，无机分子开始生成小分子有机物，后者进而生成原始蛋白质和核酸等生物大分子，当多分子体系出现细胞膜并具有遗传功能时，原始生命出现。

最初的原始生物是进行厌氧、异养生活的，以环境中的氨基酸、糖和脂肪等为食物，如原核的古细菌。接着，一种具有菌绿素的古光合细菌出现，能借助光能，将硫化氢中的硫固定下来存储在细胞中。然后，古蓝藻相继出现，利用光能，通过光合作用将广泛存在的水分解产生了氧。随着原核的古蓝藻类逐渐占优势，古光合细菌类逐渐退居次要地位，释放出来的氧气逐渐改变了大气性质，为海洋中好氧的真核生物的产生创造了条件。

距今15亿年的地球，大气含氧量达到现在大气的1%，真核生物开始诞生。古蓝藻在进行光合放氧的同时，体内积累光合作用的副产品——大量的碳水化合物，对于那些不能直接利用光能获取营养的生物而言，古蓝藻体内的碳水化合物成为它们竞相追逐的"美味佳肴"。它们大口吞噬古蓝藻，享用蓝藻光合作用产生的碳水化合物，部分古蓝藻在吞噬者体内逐渐演变成细胞内部的一个重要结构，这就成为我们所熟知的叶绿体。

用科学的语言来解释，就是某种大型的单细胞原核生物，其细胞膜内陷做变形运动和吞噬运动，能进行光合作用的古蓝藻被吞噬后没有被消化，反而经过共生演变成叶绿体。与此同时，某种原线粒体被吞噬后共生，经过长期演变形成线粒体，之后细胞核和各类细胞器先后形成，最古老的真核生物的可能祖先便诞生了。这便是目前为大多数科学家所接受的马古利斯（Lynn Margulis）的"内共生学说"。从此之后，古蓝藻不再是地球上光合放氧的唯一生物，海洋中开始出现其他的真核藻类。

经过数亿年光合生物的共同努力，地球大气成分逐渐发生变化，氧气逐渐增多。直到6亿年前，地球大气含氧量已达到现在大气的10%，形成臭氧层，能屏蔽太阳强烈的紫外线，保护地面的生物免受强烈紫外线的伤害，为陆地生命的生存和演化创造了条件。

5亿年前，寒武纪生物大爆发。当时大多数陆地还聚合一起，但那时还是一片不毛之地。海洋中的各种藻类大量繁衍和生长，为了寻找更多的出路，海洋中的某些原始藻类等植物开始寻找新的生存空间。

穿越时光隧道，一起追溯地球生命的起源。大约46亿年前地球形成，从35亿年前原始生命出现，到15亿年前真核生物诞生，5亿年前寒武纪生物大爆发，地球上才开始热闹起来，并在不同纪元形成了不同的优势生物类群。

最早登陆的植物

大约30亿年前，地球上的汪洋大海中出现了第一块陆地：乌尔大陆。10亿年前，地球上众多陆地开始聚合在一起。那时，大量太阳紫外线照射到地球，但发光度相当低，大气中二氧化碳的含量远远高于今天，使得地球地表温度仅略高于冰点。

根据古土壤中碳同位素的测定，距今4—5亿年前，大气中二氧化碳含量是今天的16倍。在紫外线的催化作用下，空气中的氧气可以形成光化学产物——臭氧，臭氧层的出现降低了紫外线对生物的伤害作用，为植物登陆准备了条件。同时孢子化石的证据也表明，最早的陆地植物正是出现在这个时期，推测可能是由古老的轮藻类或双星藻类植物演化而来。

此后，在很长的一段时间里，冈瓦纳大陆和劳亚大陆结合一起形成泛大陆，周围环以泛大洋。逐渐地，全球气候开始变暖，形成了浅海环境，成功登陆的植物开始分化，在早泥盆纪的化石群可以看出陆地植物多样性分化明显。尤其是石炭纪，湿润的气候使得陆地上的植物达到了前所未有的繁盛，地球进入了石松类和蕨类植物繁盛的新时代。

我们甚至可以想象，当陆地面积逐渐增大，原始海洋生物在激烈的生存竞争中到处寻找出路，有些"大胆"的生物类群，带领自己的家族成员纷纷开拓新的领域。动物开始从偶尔离开水，进化到可以长时间离开水但须回到水中繁殖，如两栖类。相较于动物而言，"行动不便"的植物们从登陆、生存到繁衍则面临着更大的挑战。然而，事实证明，它们做到了！在尸横遍野的进化之路上艰难"爬行"，它们一步步脱离了水环境，在陆地上撑起了自己的家。

到底是谁最先成功脱离海洋生境，真正成为第一个"吃螃蟹"的陆生植物？科学家们依然在寻找证据和不断争议，我自然也不敢妄加猜测。

但可以想象，海洋植物要成功登陆，必须克服生存和繁衍两大难题。徜徉于海洋舒适的温床，古老的海洋植物细胞直接吸收周边的水分和营养物质，没有分化出根、茎、叶。但面临复杂多变的陆地环境时，原始植物们需要在不断尝试中前行。

首先，离开了海水的浮力支撑，植物必须独立"站"起来，借助根的固着作用，茎开始分化产生，逐渐支撑起植物体。苔藓被公认为陆生植物演化树的基部类群，从现存部分藓类植物拟茎的横切面可以看到茎中部分细胞变小，细胞壁加厚，起到支持作用。

紧接着，"站"起来的原始植物面临着新的难题：离开了海洋，植物体如何保持体内水分平衡，以免被"蒸干"？研究发现，陆生植物的体表细胞壁加厚，外部覆盖着能防水的角质层，使其暴露在空气中时可减少水分流失。而且，不透水不透气的角质层并非将植物体表覆盖得严严实实，而是留出部分空隙（即气孔）与外界进行气体交换。由此可见，不能有效阻止水分丧失的植物在这一轮竞赛中被淘汰了。

现存的陆生藻类或苔藓植物依然不能完全直面这一难题，往往避开干旱，只向潮湿之地发展，或者向干旱屈服，在极度干旱时新陈代谢近乎停止，只在有足够水分时才重新启动。

遥想当年，植物体表气孔的出现，逐渐成为植物体内外气体交换的主要门户，允许并且控制着气体的交换，大大提高了光合作用过程中二氧化碳的供给效率。但气体交换的同时水便蒸发掉，而且水分流失的速度远远超过二氧化碳吸收。

志留纪期间，二氧化碳唾手可得。植物从大气中吸收二氧化碳进行光合作用制造自身生命所需的有机物，需要足够的水分参与。为了保证光合作用的正常进行，植物的根需要源源不断地吸收和供应水分，于是根的吸收功能得到了强化。

最早进化出来的根状结构，没有真正的水分吸收功能，因此称为"拟根"或"假根"，见于地钱、金发藓等苔藓植物。直到蕨类等维管植物出现，真正的根才形成，不仅将植物体牢牢固定在某个位置，还能吸收土壤中的水分和无机盐。

问题接踵而来。根从土壤中吸收水分和无机盐之后，如何运输至植物体的其他部分？众所周知，水分具有自由扩散到更干燥地区的趋势。在陆生植物演化早期，运送水分的专门管道没有形成，植物体内的水分运输只能依赖活细胞之间的渗透作用来完成，水分运输阻力大，速度慢，效率低。也正是由于缺乏专门吸收水分的结构和输导系统，如今的苔藓植物依然是长不大的"小矮人"。

在约4亿多年前的志留纪早期，部分植物根或茎中间的细胞发生特化，演变为运输细胞。细胞死亡，胞壁木质化，胞腔中空，两端相连，排成一列，形成专门的水分运输通道，即管胞，现存的蕨类和裸子植物中可见。再后来，植物运输细胞两端的胞壁溶解，相互连接形成中空的管道，成为导管（如被子植物），源源不断地将根吸收的水分和无机盐运输到植物体各个部分。与此同时，运输有机养料的筛胞、筛管和伴胞也演化形成，能将叶片光合作用产生的有机养料输送给其他器官。

蒸腾作用是植物吸收和输送水分的重要动力。也正是有了导管和筛管等这样较为进化的水分和养料输导结构，植物才能维持体内正常运转，于是各种高大乔木逐渐出现，热带雨林逐渐形成。

然而，暂时成功解决各种生存危机的植物们，还不得不面临着陆地繁衍这一新的挑战，因为它关系到植物种族的繁荣和兴衰。

在志留纪早期，原始海洋中一些进化的藻类植物在繁殖时已经有了性的分化，精子在水中借助鞭毛的推动，游到卵的身边，与之完美结合产生合子，合子萌发产生新的个体。陆地植物如果也像海洋植物那样，把精子和卵排放出来就不管了，没有水的保护，精子和卵会很快变得干瘪，最终死亡。于是植物"妈妈们"不仅分化出不育细胞来保护精子和卵，还将结合后的受精卵留在母体内，成为胚。胚在植物体内得到有效的保护和照顾，大大提高了繁衍成功率。因此，在植物进化史上，胚的出现成为海洋植物登陆成功的关键。登陆成功的苔藓、蕨类和种子植物统称有胚植物，被归入高等植物的范畴。

部分植物成功登上陆地后，光合生物的进化速度大大加快。在接下来的5亿年时间里，原始的陆地植物陆续向前进化，从苔藓、石松、蕨类植物到裸子植物，最后发展成为植物进化树顶端的被子植物。然而，迄今为止，是配子体占优势的苔藓植物最先出现还是孢子体占优势的维管植物最先登陆仍无定论。

原始海洋生物竞争日益激烈,浅海环境中的许多植物开始寻找出路。一些登陆的原始海藻成功克服了生存和繁衍两大难题,在气候复杂多变的陆生环境中逐渐进化,形成了丰富多样的陆生藻类、结构简单的苔藓或蕨类植物。

寻找地球上的第一朵花

　　1879年，达尔文在给植物学家胡克的信中将被子植物起源称为"令人讨厌的谜"。

　　达尔文在信中说，如果物种是逐渐演化的，那么为什么在几十亿年的时间里，被子植物都不曾出现，而到了白垩纪的时候（距今约1.4亿年），被子植物突然就大量出现了呢？面对这个令他颇为不解的谜题，当时他只能归结为"地质记录不完全"的结果。

　　被子植物又称有花植物。花的出现是被子植物区别于其他植物的典型特征，因此花器官的起源成为被子植物起源研究的关键。那么，被子植物是否真的只在白垩纪时才开始大量出现呢？世界上第一朵花是什么样的？花是如何起源的？花的本质是什么？……一百多年后的今天，科学家们依然在不懈努力地去寻找这些问题的答案。

　　根据化石证据去追溯植物的起源是目前主要的研究途径。由于花朵质地柔软，几乎没有纤维素，因此在化石形成过程中难以"石化"或留下"痕迹"，给花的起源研究带来一定难题。

　　2011年，英国《自然》杂志发表的一篇文章宣布：在辽宁省凌源县发现了一种真双子叶植物化石——李氏果，扁平的花托顶生在花梗上，花托上着生5枚狭长形的假合生心皮，大约出现在1.24亿年前的早白垩纪。由此化石可推测当时的李氏果与今天的毛茛科植物有着高度的形态相似性，曾被认为是最早的被子植物。

    然而，2015年英国《历史生物学》杂志发表了一篇文章，南京古生物研究所专家对一份特殊的花化石进行鉴定分析，发现尽管该"花"直径只有12毫米，但它和现在的真花结构一样，都具有花萼、花瓣、雄蕊、雌蕊等典型被子植物花朵的所有组成部分，并且推测它可能出现在1.62亿年前的侏罗纪时代！这份化石样本是在20世纪70年代在辽宁葫芦岛采集而得，为纪念发现该化石样本的古植物学者潘广先生，因此命名为"潘氏真花"。

    这一发现打破了"白垩纪以前没有被子植物"国际主流观点，成为迄今为止世界上最早的被子植物花朵化石记录。

    由于绝大多数花要依赖动物才能完成异花传粉，因此对古代传粉昆虫的化石研究，也为研究被子植物起源提供了可靠的间接证据，如古蜜蜂、喜花虻类的古化石也侧面证实侏罗纪晚期已经出现了大量的原始被子植物。而且其他昆虫化石（如长翅目蚊蝎蛉科）的古地理分布特征研究表明：劳亚大陆与北美、非洲等大陆分离的最后时限不会早于中侏罗纪。因此假设被子植物是单元起源的，那么被子植物的起源时间不能晚于中侏罗纪，以后随着泛大陆的解体，被子植物的原始类型扩散到其他大陆。

小贴士

    李氏果学名为 *Leefructus mirus*，其中，"*Lee*"是以化石最初捐赠者李世铭的姓命名，"*fructus*"意指"果实"，"*mirus*"意指"稀奇的，令人惊讶的"。

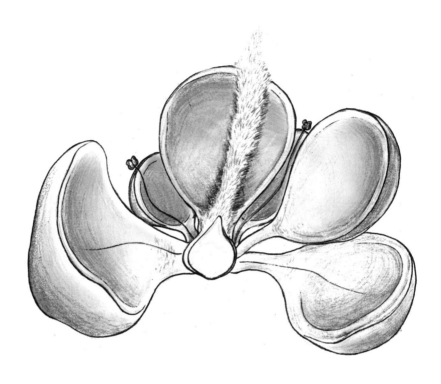

2015年3月，英国《历史生物学》发表了
一篇关于1.62亿年前侏罗纪时代的"潘氏
真花"的文章。古生物专家发现，尽管该
"花"直径只有12毫米，但它和现在的真
花结构一样，具有典型被子植物花朵的所
有组成部分，堪称世界上最早的典型花朵。

"花究竟是什么?"关于花的本质的探索,科学家发现,同一种植物的生殖枝与营养枝的分枝式样是如此惊人相似,而且花与枝条在结构上非常相似。而且,植物从营养生长到生殖生长是连续统一的。因此,1790年歌德提出了花的变态枝条假说,1827年由康道尔(de Candolle)逐渐补充完善。这个假说认为:花相当于一个缩短变态的枝条,而花的各组成部分都可以看成极度变态的叶片。目前这个假说得到科学家们的普遍认可。

那么,被子植物的花是如何起源的呢?现存的被子植物哪些是原始类群,哪些是进化类群,一直是植物分类学家争议的焦点。由于可靠的化石证据不多,大多数的结论仍然是推论性的,历史上先后形成了两个学派,即"真花学派"和"假花学派"。

以英国植物学家哈钦松(John Hutchinson)为代表的真花学派认为:被子植物的花是由原始裸子植物的两性孢子叶球演化而来,这种原始裸子植物可能为早已灭绝的拟苏铁。根据这一观点,现代被子植物中的多心皮类(尤其是木兰目植物)被认为是被子植物较原始类群。

以德国植物学家恩格勒(Adolf Engler)为代表的假花学派则持不同的观点,他们设想被子植物是来自裸子植物麻黄类的弯柄麻黄,并推测,被子植物的原始类群应该为花单性、无花被、风媒传粉的木本的柔荑花序类植物,如杨柳目等。

然而,根据解剖学、孢粉学等研究资料证明柔荑花序类植物应为次生类群。到目前为止,绝大多数的植物分类学家赞同真花学说的观点,认为最早的被子植物应该具有两性花、花各个部分多数且分离(比如木兰类),逐渐进化为花各个部分数目减少,简化或退化,各部分由离生进化到各种不同程度的合生,比如兰花。

　　植物的进化是一个长期渐变和自然筛选的过程，除了少量因为环境骤变而发生突变外，绝大多数的植物新类群不可能短时间内突然出现并广泛散布，或许人们目前所有的发现也只是其中的一小部分碎片而已，植物进化的历程还有待人们去更深入挖掘。

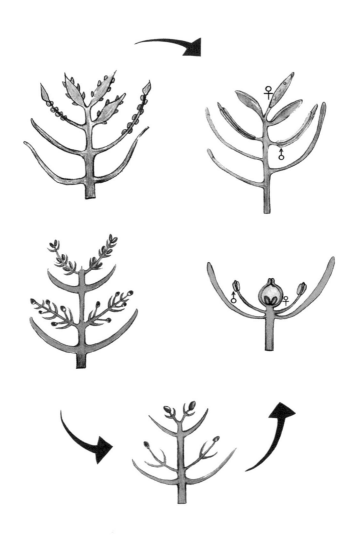

关于花的起源，"真花学说"认为花是由原始裸子植物的两性孢子叶球演化而来，苞片演变为花被，小孢子叶演变为雄蕊，大孢子叶演变为雌蕊（图上半部分）。"假花学说"设想被子植物的花与裸子植物中的球花一致，每个雄蕊和心皮分别相当于一朵极端退化的"雄花"和"雌花"（图下半部分）。

那些已经灭绝的植物

　　如同每一个生物个体，世界上的任何物种都要经历产生、发展、繁盛、衰退和灭亡的过程。生物的灭绝与新生是生命演化中的自然现象，几乎每时每刻都在发生。

　　自地球出现生物以来，经历了30多亿年漫长的进化过程，地球上曾先后产生和存活过上亿种生物，但是伴随着地质运动、火山喷发等环境骤变，地球上曾发生过五次具有全球影响的生物大灭绝事件，分别为4.4亿年前的奥陶纪—志留纪、3.75亿年前的晚泥盆纪、2.52亿年前的二叠纪、2.08亿年前的三叠纪以及6 550万年前的白垩纪末期的生物大灭绝。每一次大灭绝事件都伴随着植物大规模的减少和物种绝灭，绝大多数的物种在人类诞生前就已经走完了历程。

　　库克逊蕨，又称光蕨，是一类已经灭绝的植物，曾经在志留纪—泥盆纪时生活在这个地球上，全球约有7种，其化石标本全球各地均有发现。1937年在英国首次发现它的化石标本，形体很小，只有几厘米高，结构简单，没有根和叶片的分化；茎二歧分枝，分枝顶端着生孢子囊；茎中有最原始的维管组织分化，是非维管植物向维管植物进化的过渡类群。

　　莱尼蕨是在4.2亿年前早泥盆纪地层中所发现的一种已灭绝的化石蕨类，二歧分枝，没有根与叶分化，高度为20～50厘米，在晚泥盆世早期灭绝。科学家认为它们可能起源于光蕨，后演化为裸蕨，再向前发展为真蕨和前裸子植物。

工蕨是一类已灭绝的原始裸蕨，为生长在早泥盆世沼泽地带的半陆生草本植物，植株低矮，簇状丛生，二歧分枝，孢子囊聚成穗状，生在直立枝的顶端。工蕨可能演化为现存的石松植物。

封印木是一类曾经生存于石炭纪—二叠纪的古植物，呈乔木状，与鳞木、芦木等在热带沼泽繁殖，形成森林。茎高大粗直，顶端多次二歧分枝，叶披针形、螺旋状排列，脱落后留下六角形印痕，孢子囊穗轮生于茎顶叶丛之下。

此外，灭绝的植物中还有一大类种子蕨，这是一类原始的裸子植物，树叶为类似真蕨类的大型羽状复叶，但生殖叶片顶端有种子（实际上是未受精的胚珠），是介于蕨类和苏铁类之间的过渡类型。三叠纪和侏罗纪时期曾在北半球极为繁荣，后演化出拟苏铁植物和苛得狄植物，进一步演化成现存裸子植物，但种子蕨在白垩纪初期灭绝。

物种灭绝本是生物发展中的一个自然现象，但人类的出现，由此带来的经济高速发展以及工业革命的突飞猛进，导致动植物资源正在以前所未有的速度锐减，使得物种灭绝的速率远远超过以往的任何一次大的灭绝事件，堪称第六次生物大灭绝。

例如，海伦娜橄榄是南大西洋地区特有种，为鼠李科家族的成员，与真正的橄榄关系甚远。1994年最后一株野生海伦娜橄榄消失，2003年，尽管人们努力保护，最后一株栽培个体还是死亡了，从此这个物种永远从地球上灭绝。

据世界自然保护联盟（IUCN）估计，在过去的4亿年间，每27年才有一种植物灭绝，而目前每天都有物种从地球上消失，是其自然消亡的近万倍，是新物种形成速度的100万倍。20世纪80年代，以雷文（Peter H. Raven）为首的科学家们估计，"如不采取保护措施，在未来一代人的时间内将会有60 000种植物，也就是全世界1/4的植物物种将要灭绝"。

　　1973年3月3日，多个国家在美国华盛顿共同签署《濒危野生动植物种国际贸易公约》（CITES），附录共列出了5 500种动物，约3万种植物，以控制野生动植物的国际贸易活动对资源的影响，有效地保护野生动植物。2013年12月20日，CITES缔约方大会在曼谷召开，决定并宣布3月3日为世界野生动植物日，倡导人们与野生动植物和谐相处，为保护野生动植物作出贡献。

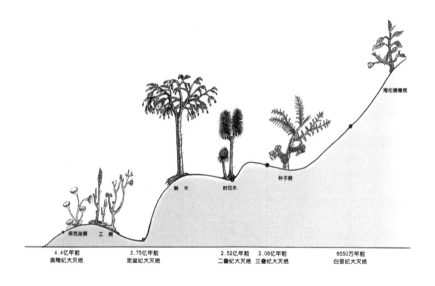

4.4亿年前	3.75亿年前	2.52亿年前	2.08亿年前	6550万年前
奥陶纪大灭绝	泥盆纪大灭绝	二叠纪大灭绝	三叠纪大灭绝	白垩纪大灭绝

地球上曾发生过五次具有全球影响的生物大灭绝事件，每一次都伴随着大量生物的灭绝以及在此之后大量新物种的产生。库克逊蕨、莱尼蕨、工蕨、封印木、种子蕨、海伦娜橄榄等这些曾经在地球上繁盛的植物已成为化石，被永远封印在古地层中。

37

CHAPTER TWO

营养生长篇

> 每一个生命都是自成一体的仪器，它完美无
> 缺，复杂精密，却又统一结合，组织紧密。
>
> ——理查德·道金斯《自私的基因》

　　数亿年间，植物经历了从水生到陆生、从低等到高等、从配子体占优势发展到孢子体占优势、从孢子繁殖发展到种子繁殖等一系列演化历程，每一个演化过程的中间物种经过自然的选择，或多或少地留存下来，形成了一个多样化的植物世界。

　　绝大多数植物是能够光合自养的，可植物界中也有"鱼目混珠"。在长期的适应环境过程中，有些植物器官特化，寄生于他物，靠吸取其他植物的营养为生；或者没有叶绿素，不能自给自足，甚至依赖真菌"喂食"，成为植物进化史上走向极端的奇葩。

　　植物的世界蕴含着令人惊讶的神奇！

根之百变

根基乃万物之本。

数亿年前，植物进化历程的初期，绿藻、团藻等植物的细胞功能分化不明显，没有根这一器官的分化。从苔藓植物开始，细胞出现分化产生根，根的出现将植物稳固下来，使之不再"随波逐流"漂移。然而苔藓的根并不具吸收功能，因此被称为假根或拟根。

大约4亿年前，石松和真蕨类等维管植物成功登上陆地后，才开始进化出具有吸收和运输功能的真正的根。维管植物"真正根"的出现，使得植物进化之路向前迈进了一大步。植物的地上部分和地下部分连接成为一个整体，根吸收的水分和无机盐，通过维管束源源不断地输送给地上部分，成为植物"安居乐业"的强大后盾，叶片光合作用产生的有机物质也通过维管束运送到植物体的各个部分，包括地下的根。

定居下来的植物为了长得更加健壮，根要不断向外开拓新的领域，以吸收更多的水分和无机盐。植物根系的发达与否直接决定了其地上部分是否枝繁叶茂，所谓"树大根深"便是这个理儿。

然而，植物的根并不是地下世界中一条条盘根错节的死物，而是一个个活灵活现的精灵。这些个精灵有着非常聪明的"脑袋"——根尖！科学家通过显微观察，将根尖划分为根冠、分生区、伸长区和根毛区。

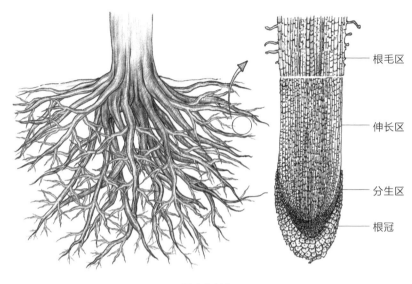

根毛区

伸长区

分生区

根冠

根尖的结构

　　根冠细胞位于根尖最先端的外层，像帽子一样套在根"脑袋"上。根冠扮演着开路先锋的作用，能不断分泌黏液溶解土壤中某些营养物质，供根尖吸收利用，还会在生长过程中与土壤中的沙砾不断摩擦而脱落。更重要的是，当根生长方向被动发生改变时，根冠能调整根尖生长方向，使根具有固定的向地性生长（或向下生长）的特性。

　　紧接着根冠后方的是分生区，这里的细胞不断分裂产生新的细胞，向前补充"战死"的根冠细胞。分生区后面的细胞属于伸长区，细胞不断伸长生长，推动根尖伸长"脖子"永不停息向前进，以让后面的根毛们能在水肥丰富的地方欢快畅饮。土壤中的水分和无机盐等养分则通过根毛渗透进入中央的维管组织，向上运输至植物的地上部分。

　　一个庞大的根系有无数个根尖，根凭借着最先端的根尖在黑暗的最前沿阵地摸索，尽可能地寻找水分和养分充足的地方。为了寻找生命之水，根会不停地往下生长，土壤越干旱，植物的根就长得越深。这就不难理解，对于同一种植物而言，在干旱地区根系会较深，水湿地区的根系较浅。

根也需要呼吸。过分紧实的土壤会让根"被压得喘不过气"来，从而发育不良。生长在热带海岸或沼泽地带水边的一些植物，如温带沼泽地的落羽杉、亚热带湿边的水松以及海岸红树林中的海桑、秋茄树等红树林植物，在特殊的低洼环境中，由于地下水位高，泥土紧实，浸泡在水中的根系容易缺氧，部分根会从淤泥中或水下伸出地面"喘气"，顶端有呼吸孔与外界相通，我们把它称之为呼吸根。呼吸根的出现与植物分布的地带无关，而是与沼泽地紧密相连。

与呼吸根不同，长期适应高温、多湿、雨量充沛的热带雨林环境的植物，茎干基部周围的浅表层会形成板根，以抵抗风力或重力，并支撑高大乔木庞大的地上部分。具有板根的植物多属于雨林中的高大乔木，如典型的四数木、榕树等，而中小乔木和灌木植物几乎不具板根。板根的形成与当地多雨、高而均匀的温度条件以及土壤的结构和有效深度有很大关系，一般随着海拔和纬度的增加，板根现象逐渐减少。

植物根系的生长，离不开土壤中的其他动物或微生物环境。达尔文在晚年时，曾经专注于蚯蚓对土壤的形成和生态系统的作用，认为"它们让空气得以到达深层土壤，这些隧道还能帮助植物的根系进入深土层，而隧道壁上富含的有机质，也能有效滋养植物的根系"。

许多植物的根可通过与细菌或真菌的共生变得更加强大。大豆等豆科植物的根能与土壤中的根瘤菌共生，借助根瘤菌的固氮作用，获得充足的氮素营养；松属、桤木属等植物的根能与真菌共生形成菌根，借助真菌菌丝吸收水分和无机盐。但到目前为止，人们对根际微

生物的了解依然是当前生物多样性研究中的薄弱环节。

自然界中，还有一类根与地下根完全不同，它们从植物地上的枝干发出，在重力作用下笔直下垂，暴露在空气中，直接吸收空气中的水分，因此称为气生根。气生根在潮湿的热带雨林尤为常见。

大多数气生根呈现褐色的须根状，粗细均匀。这种须根状态的气生根在热带藤本植物锦屏藤上更为显著，无数紫红色的、脆嫩的气生根从茎节处生出，丝丝缕缕地垂下来，形成一道亮丽的风景。人在锦屏藤架下，有如梦幻般的感觉，名副其实"一帘幽梦"。由于气生根的奇特性，锦屏藤已成为非常受欢迎的热带庭园观赏植物。

几乎所有桑科榕属的植物都有气生根。除了那些细长的初生根外，有少数气生根向下延伸，一旦接触到地面，便伸进土里，逐渐长大长粗，形成或粗或细的木质支柱根。

榕属植物的强大生命力在它的根上可谓叹为观止。有的植物的气生根向下生长过程中，如遇到障碍物，会竭力寻找可以利用的土壤资源。我曾亲眼见证一棵黄葛树的根竟然紧紧包住直径超过2米的岩石，形成奇特的"树包石"现象。

1933年，现代文学家巴金到广东新会访友，曾经路过一个小岛，其中数以万计的各种野生鸟儿栖息在一棵大树上，早出晚归或暮出晨归，蔚为壮观，于是便有了脍炙人口的游记《鸟的天堂》，文中这样写道："乘小艇从近处看，枯藤交错，犹如原始森林；从远处看，就成了浮在水面的绿洲，景色奇特迷人。那是许多株茂盛的榕树，看不出主干在什么地方。"而这棵榕树或这个小岛也因此有了一个美丽的名字——"小鸟天堂"。

那只是一棵树，却似一片森林。的确，占地达二十余亩（一亩为0.067公顷）的小岛郁郁葱葱，远看像一片浮动的绿洲。靠近了看，

"树包石"现象

真真切切发现那确实只是一棵榕树，借助于垂下的支柱根吸收土壤中的水分和营养，源源不断地输送给地上的枝条，随着时间的推移，榕树向四周慢慢蔓延，不断拓展更多的生存空间，逐渐形成"独木成林"这一独特的景观。

一些热带附生兰花，如贝母兰、石斛等，会附生在热带雨林的树干上，形成"空中花园"。它们的根暴露在空气中，吸收空气中的水分和养分，为了减少根表面水分丧失，兰花根表皮细胞常为多层，形成根被。

当植物演化到一定阶段，无根植物便出现了。人们早期观察到的无根藤就曾被认为是无根的，但实际上它们是有根的。无根藤、菟丝子等寄生植物，因为在其他植物体上找到了生存资源，根便变态为寄生根，插入寄主植物的维管组织内，吸取寄主的水分和养分得以存活。但天麻等腐生植物，因与真菌共生，根完全退化消失；而凤梨科的空气凤梨（铁兰属），因茎枝和叶片直接从空气中吸收水分和养分，根也完全退化。

根是植物从水生到陆生进化过程中的必然产物。从产生简单的假根，到形成具有吸收功能的真正的根，再到各种不同环境形成不同类型的根，自然界呈现着千姿百态的根形态。在植物演化的道路上，无论什么形式的根，不适应环境者会被逐出历史的舞台，适应环境者留存到现在。

榕树常常从枝条上生出气生根，接触地面之后吸收土壤中水分和营养，长成支柱根。随着时间的推移，榕树向四周慢慢蔓延，不断拓展生存空间，便形成"独木成林"这一热带独特景观。

树木究竟能长多高

既固根本，必展枝叶。

当胚芽撑破种皮，探出头来向外张望，便憧憬着有一天能成为耸立云天的巨树屹立在这个世界上。茎连接着根和叶，承担着支持和运输的重要任务。植物们登上陆地，没有水的浮力支撑，为了让植物体各个部分充分舒展，茎的分化成为强有力的支撑。

作为首批登陆的"佼佼者"，苔藓虽然已经有了拟根茎叶的分化，但拟茎中无真正的维管系统分化，无法长距离地输送水分、无机盐和有机养料，成为苔藓"挥不去的痛"，整个植株也无法长得高大，而被赋予"高等植物王国的小矮人"称号，最高的金发藓类也难以超越50厘米的高度。

大约3.4亿年前的晚泥盆世，石松类、有节的木贼类和真蕨类开始走向繁荣，这些蕨类植物开始有了真正的根、茎、叶的分化。茎一方面使植物体能够直立起来，更重要的是内部产生了维管束输导系统，以输送根吸收的水分和无机盐，并将叶片光合作用产生的有机物质运送给其他部位。维管系统的出现和进化，成为维管植物开始高大起来的主要推动力。

两亿年前的中生代，种子植物开始繁盛，多数种类的茎顶端似乎能无限地向上生长，连同着生的叶形成庞大的地上枝叶系统。基因决定物种的高度，一株低矮的龙葵绝对不可能长得像木棉那般高大。

　　身材高大的植物能占用更多的空间，吸收更多的阳光，这是否就意味着：相对于低矮植物而言，它们具有更强的环境适应性？

　　科学家对不同高度的植物的进化速度进行过研究和比对，发现在进化的赛程中，与高大的树木相比，番茄等身材娇小的植物进化速度反而快得多，对环境的适应性更强。为此，科学家猜测，较矮的植物通常会更加频繁地产生种子，繁殖下一代，而繁殖越多，变异的可能性越大。如此便意味着：高大的、成长缓慢的植株，在气候迅速变化的条件下，为了适应环境，会面临着更大的挑战。

　　树木可以长多高？决定它们最大高度的是什么？生物学家多年来一直在探索树木高度限制问题。2004年，科赫（George W. Koch）等人曾对当时地球上最高的树——加利福尼亚州北部潮湿温带森林中的北美红杉进行研究。它的高度为112.7米，被称为"同温层巨人"。在树的树顶上，他们发现部分叶子呈现一定程度缺水状况，与极端干旱条件下的植物叶子相似。由此推知，尽管土壤中的水分十分充足，但植物主动向上运输需要消耗大量能量，因此重力作用和输导路径长度的阻力可能成为植物最大高度的限制因素。

　　树木生长得越高，水分输送将更为困难。水分供应不上，末梢的树叶会出现干枯，而且光合作用也会受到阻碍，因此树木难以继续长高。但科赫等人推测，地球上的树木在没有外力介入或机械性伤害下，可能长到的最大高度是122～130米，或许这些树还能再长高一些。

　　不同高度的植物分别占据森林群落的不同空间，形成自上而下，由高大乔木、小乔木、灌木、草本以及连接其间的藤本植物等层次较为分明的垂直空间结构。以西双版纳热带雨林为例，为了获得更多的阳光，向空间无限延伸，植物们"削尖了脑袋"往上挤，形成林冠层，如高大乔木望天树，茎干单一不分枝，圆形通直，树冠像一把巨大的伞。那些"自知"从高度上比不过的乔木们（如波罗蜜等）则甘居其下的次冠层。神秘果、海芋、蝎尾蕉等灌木和高大草本植物选择了横向发展，茎干多分枝。茎干直立不起来的扁担藤等木质藤本植物则采用缠绕他物，还有一类兰花、鹿角蕨、鸟巢蕨等附生植物则在树干上形成空中花园，茎柔软细长者沿着地面蔓延生长，个体微小的苔藓则随处可见，以量取胜。

　　总之，在长期的共存与进化中，植物们"各走各的阳关道"，选择了错位发展，得以更充分地利用光照和水分等环境条件。

　　为占据更多的空间，获取更多的阳光，树儿们总是争着往上长，而重力作用和输导路径长度的阻力可能决定了植物的最大高度。

攀缘者的特技

是否还记得小学课文《爬山虎的脚印》？文中叶圣陶先生生动描写了"蜘蛛侠"爬山虎沿着墙壁步步向上攀爬的情境。仅仅一株爬山虎，就能开枝散叶密密麻麻地布满整个墙面，郁郁葱葱的枝叶给裸露的墙体穿上一层绿色的防晒外衣，为炎热的夏天带来了几分阴凉！

是什么力量激励着它们勇往直前、见缝插针般寻找新的空间？是什么让它们在垂直的墙面上稳稳向上前行而不脱落下来？

走近了仔细观察，外貌十分普通的葡萄科木质藤本爬山虎，叶片呈现三浅裂，在每个叶柄的基部，悄悄伸出一枝分枝状的茎卷须，卷须的末端膨大，遇到附着物后变成扁平的海绵状吸盘，如壁虎的脚一般牢牢地吸附在墙体上。正是借助吸盘的吸附作用，爬山虎一步一个"脚印"，踏踏实实地前行。

若试图将它攀缘的吸盘一根根拔掉，

爬山虎的吸盘

洋常春藤的气生根

就会发现它们的"爪子"很难彻底拔下来。吸盘结构的超强吸附力能够承载的最大拉力是其自身重量的数百万倍。正是这些超强吸盘，为植物向上生长提供强大的支撑，茎尖才能在此基础上努力向上生长。

　　自然界中类似于爬山虎这样的攀缘植物有很多，由于茎幼时细长而柔软，不得不采用特殊手段攀附其他植物向上生长。在长期的演化中，攀缘植物们各自使出"八仙过海，各显神通"的本领，进化出了特有的结构，最后殊途同归，全部都是为了能攀附他物向上生长。

　　攀缘植物中，爬山虎是借用茎卷须特化的吸盘吸附，凌霄、常春藤等木质藤本植物则通过气生根攀附，黄瓜、豌豆等用卷须缠绕，白藤、猪殃殃等使出钩刺本领，更有甚者，铁线莲和旱金莲等的叶柄也

可以紧紧缠绕在其他物体上，力求站稳每一步，永不停歇向前进。

> 我如果爱你/绝不像攀缘的凌霄花/借你的高枝炫耀自己/我必须是你近旁的一株木棉/作为树的形象和你站在一起

　　舒婷的《致橡树》中将攀缘植物比喻成攀附高枝的代表，攀缘植物家族一定觉得自己很无辜，在为此愤愤不平吧！不过，我想，如果攀缘植物能选择，说不定它们也希望自己能够坚挺起来，做一棵参天大树。只是在演化之路上，它们的祖先选择了这条路线，而且能巧妙地利用工具在这条路上越走越远，成功地开辟了自己的那片天地。

　　种子植物的地上茎大多数是直立的，不能直立的柔软茎则自谋出路。除了前面介绍的借助吸盘、卷须、钩刺攀附于他物的攀缘茎以外，牵牛、紫藤等植物则是茎本身缠绕着他物旋转向上生长，草莓、积雪草以及毛茛等植物依靠匍匐茎，在地面爬行生长，每爬行一段遇到合适的位置就扎下根长出苗来，如此一步步，匍匐茎逐渐扩散开来。每每仔细观察周边的植物，都会为它们"各显神通"的神奇本领而惊叹！

　　自然界中绝大多数的种子植物有茎，无茎的植物极其罕见，只有无茎草属等少数植物的茎完全退化，它寄生在桑寄生科植物的枝干上，直接从寄主的组织内生出花序。蒲公英、车前等并非无茎植物，只是茎节极度缩短，形成莲座状。

爬山虎是葡萄科的一种藤本植物，又名地锦。其叶片呈现三浅裂，茎卷须分枝状，末端膨大，遇到附着物后变成扁平的海绵状吸盘，牢牢地吸附在墙体上。

自然旋转的舞台

　　小时候和妈妈一起为豇豆苗搭攀爬架，两排歪歪扭扭的木棍插入土壤，相互交叉绑在一起，中间横上一根木棍，攀爬架就稳妥妥的了。接着，将豇豆幼苗顶端轻轻拾起，用两根稻草将它固定靠在木棍上。

　　一周后再见它时，它已长高不少，茎缠绕着木棍向上生长。很显然，不同于依靠卷须攀附向上的黄瓜茎，豇豆的茎选择亲自缠绕在他物上旋转上升，这类茎通常被称为缠绕茎。只是令人惊讶的是，茎竟然能识别方向，不同的茎似乎相约好，全部从木棍的右侧向左旋转，无一例外。换句话说，从茎顶端垂直向下看，豇豆的茎沿着主轴逆时针方向向上生长，人们称之为茎右旋。

　　有一次，我调皮地将茎前端向左旋转并轻轻绑起来，试图改变茎尖旋转的方向。可数天后却惊讶地发现：从绑住的结点开始，它依然不屈不挠地向右旋向上生长！豇豆的茎为何会一致选择右旋向上生长呢？难道茎尖真的能辨别方向么？

　　从那时起，我开始留意观察那些茎缠绕的植物。渐渐发现，除了豇豆外，扁豆、牵牛、马兜铃、菟丝子、南蛇藤、猕猴桃、葛以及金灯藤等许多来自不同家族的植物也是右旋缠绕向上生长的。

　　我曾特地对牵牛进行过探索观察，并用相机记录了方位。播种后一个月的牵牛花，已经长至20厘米的高度，茎顶端已经开始弯曲生

忍冬（金银花）

长。在周末连续两天的不同时辰，我多次从同一个角度拍摄它，发现它的茎顶端连续出现在同一个中心轴的不同方位，似乎在寻找着可攀缘之物。于是我找了一根粗点儿的木棍，插在距离小苗10厘米处。等到两天后的早上再去看它时，它竟然已经和木棍来了个"亲密拥抱"，茎尖围绕着木棍"毫不犹豫"向右旋转起来。

与牵牛等植物的茎右旋转相反，葎草、忍冬（金银花）、五味子、啤酒花、木防己等缠绕茎则左旋而上生长的。更有趣的是，同一属中不同种类的茎旋转特性也不一样，如紫藤属中紫藤为左旋，而多花紫藤却为右旋。因此，《中国植物志》中茎的旋转方向成为紫藤属下分种的首要依据。

说到这里，如果还不完全理解茎的左旋和右旋的话，不妨这样来理解：判断藤本植物茎的右旋转，伸出你的右手，大拇指顺着轴向竖起来，四指握拳，从指根到指间的方向与茎的旋转方向一致，那么植物的茎即为"右旋"。反之，则用左手来测试。

自然界中，大多数缠绕茎都为右旋，只有少数左旋。达尔文也曾仔细观察过攀缘植物，在《攀缘植物的运动和习性》一书中描述了42种攀缘植物，其中只有11种是左旋的。英国著名科学家库克（Theodore A. Cook）所著的《生命的曲线》（*The Curves of Life*）记录了24种攀缘植物，只有6种左旋。

如此看来，缠绕茎似乎要么左旋，要么右旋，具有固定的旋转特性。如果人为改变其旋转方向，植物长出的新茎依然保留原有的旋转特性。

但是，不是所有具有缠绕茎的植物都是如此，自然界中总有例外。绥草、何首乌、薇甘菊等少数植物的茎竟然没有自己的"原则"，"风吹两边倒"，或左旋或右旋都可以，这类茎称为中性缠绕茎。达尔文当时就曾记录过齿钮扣花时而左旋时而右旋，这种植物分布在澳大利亚东海边。

那么，植物为什么会出现左旋或右旋现象呢？

科学家发现，这种旋转特性与其祖先的原产地紧密相关。亿万年前，为了获得更多的阳光和空间，生长发育得更好，它们祖先的茎顶端会紧紧追随东升西落的太阳，于是在地球引力和磁力线的共同作用下，生长在南半球的植物茎就向右旋转，生长在北半球的植物茎则向左旋转。经过漫长的适应和进化过程，植物便逐步形成了各自固定旋转的特性，并且遗传给后代。尽管以后它们被散播生长在地球的不同位置，其沿固定方向旋转的特性被遗传下来。而那些来源于赤道附近的攀缘植物，由于太阳当空，茎顶端的缠绕方向与太阳没有太大相关，因此，旋转方向就随意了许多。

为了让枝叶能更好地接受阳光和雨露，充分利用太阳光，不仅仅茎在努力着，叶片在茎上的排列也是如此。叶片在茎上无论采用互生、对生或轮生等哪种形式排列，相邻两个节上的叶片都绝不重叠。它们总是利用叶柄长短的变化，或以一定的角度相互错开排列，使得同一枝上的叶片以镶嵌状态出现而绝不重叠，这种现象称为叶镶嵌。车前草的叶呈莲座状，尽可能地互不遮挡，正是由于这种叶镶嵌现象使得长在最底下的叶子，也能接受到阳光的照射。

我将这个故事的标题写为"自由旋转的舞台"，落笔时才领悟到，在这个旋转的舞台上，其实茎的旋转并不是完全自由的，它或许受着祖先原产地或古老传统习惯的严格约束。

的确，自由是相对的，世间万物没有绝对意义上的自由。

葎草　　　　　　绶草　　　　　　绶草　　　　　　　　牵牛

大多数缠绕植物的茎会呈现左旋或右旋的固定特性，比如葎草的茎为左旋，牵牛的茎右旋生长，而绶草则"风吹两边倒"，左旋右旋都可以。这种旋转特性可能与原产地有关。

植物的数学密码

处处留心皆学问，时时当作有心人。生物的外在形态暗藏着许多不为人知的秘密，只有"有心人"才能揭开。

1952年，被誉为"计算机之父"的图灵曾发表《形态发生的化学基础》，建立了一个简单的数学模型，用来解释老虎、豹子、斑马、蛇……动物身上各种定态的图纹，后人称之图灵斑，只是半途被上帝用涂有氰化钾的苹果匆匆召回了去，而把进一步探索的机会留给了前赴后继的其他科学家。

与动物形态相比，植物形态中的数学仙踪似乎更早被瞧见，在举例之前先来了解下植物隐藏的一种密码——斐波纳契数列。

早在1202年，意大利数学家斐波纳契（Leonardo Fibonacci）发现了一组数列，依次为1、1、2、3、5、8、13、21、34、55……该数列最显著的特点是：从第三项开始，每一项都是前两项之和。更有趣的是，当数字越大时，前一项与后一项的比值越来越接近黄金分割的比值0.618，数列被称为斐波纳契数列或黄金分割数列。最初发现该数列，是用来解决兔子数字增长问题，故又称为兔子数列。但该数列很快被直接应用于现代物理、化学、生物学等领域，也成为植物领域枝、叶、花甚至果实排列的数学基础。

随处可见的植物如何暗含神奇的斐波纳契数列呢？

对开花植物而言，繁殖效率高的植物能在激烈的生存竞争中获得优势。为了节约生存成本，并合理利用生长空间，花朵必须尽量缩小并密集排列在一起，形成高度聚合的花序，如向日葵等菊科植物典型的头状花序。向日葵的花序像一个大盘子，盘子边上大大的橘黄色"花瓣"其实是一朵朵舌状花，而盘子中央可以结出葵花籽的小花叫作管状花（或筒状花），一个向日葵花盘上大约有300朵这样的管状花！尽可能多的小花有序排列在一个花序中，能增强小花群体效应，而且花序中各小花之间相互干扰减到最小，小花相互之间越少重叠越好，以保证这些小花拥有平均的空间。

科学家通过数学模拟，发现每旋转137.5度安排一个花朵是最合理的设计，可以最大限度地利用空间和阳光，菊科植物的花序就是这样生长的。

不同的向日葵个体，其盘心花（或种子）的排列左旋和右旋的数量，总是成对出现13和21、21和34、34和55等，而且每一对数字中，用前者除以后者的值接近黄金分割的比值0.618，因此这样的螺旋线也称作"黄金螺旋线"。

不仅向日葵、雏菊等菊科植物的头状花序可以观察到这些螺旋线，而且瓷玫瑰花的排列、菠萝鳞苞的排列、松果苞鳞的排列等，都符合斐波纳契数列。

在自然界中，阳光是万物的能量之源。为充分利用阳光以合成有机养料，植物的叶片需要尽可能互不遮挡。一般而言，人们把从一个位置到下一个正对的位置称为一个循回，把在一个循回中的叶片数与叶片旋转圈数的比称为叶序比。大多数植物的叶序比呈现为斐波那契数的比。更有甚者，车前草等许多植物叶片排列相当紧密，用黄金螺旋排列自己的叶子，上部叶片的叶柄短，下部叶片的叶柄长，叶片相互镶嵌，互不重叠，形成"莲座状"，保证尽可能大的叶面积吸收阳光。更重要的是，植物的外在形态表现出了一种无与伦比的曼妙！

树不是随便就分枝的，树的分枝也体现了精密的生长设计。在发育出树枝的叶腋的排列中，以任意一个点为0然后往上数，直到另一个相同位置出现叶腋，其中的周数与叶腋数的比为1/2，1/3，2/5，3/8，8/13……也符合斐波那契数列。事实证明：这种趋于黄金分割点的排列方式可以保证在空间上错落开，充分利用阳光，从环境中获得物质和能量。

另外，关于树枝分权，科学家还发现，树干的直径等于同一高度的树枝束起来的总直径，这种树木分权结构是在保证其他条件平衡的状况下，让树叶有更多的着生空间，以便更好利用阳光，而且最能抵抗强风。树木的分枝形式受到植物体基因和激素的双重调控，从而在演化的过程中最大程度地达到了适应环境并保护自身的目的。

按照黄金螺旋线排列植物的花、叶、果，能够充分利用生长空间，节约生存成本，使得植物更好地生存。需要说明的是，斐波拉契数列固然很完美，但这种资源节约型的生长模式，在植物界不具有普遍性。如果在不考虑生存成本也没有生长空间限制的情况下，植物的生长或许可以随机分布，也或者存在别的数列关系。

为自然界解密，还有待人们的进一步探索。

观察一朵向日葵的盘心花，从花盘中心向外圈延伸，蓝色螺旋线代表从左向右旋转的右螺旋，共21条；紫色螺旋线代表从右向左旋转的左螺旋，共13条。13和21符合斐波那契数列，这样的螺旋线又被称为"黄金螺旋线"。

我的仙人掌情缘

不知从什么时候开始，女儿迷上了多肉。在一切"围着女儿转"的世界，我家开始慢慢堆积起这些多肉小盆栽。

大众眼中的多肉植物，其实就是一类多浆汁植物，因为肉肉的，萌萌的，甚是可爱。在植物分类学者的概念中，多肉植物包括景天科、仙人掌科、番杏科、大戟科、百合科等几大类群。它们的祖先多生长在干旱的沙漠中、或贫瘠的岩石滩上、或海边、或盐碱地上，使之十分耐干旱和贫瘠。养在家里，自然也无须常浇水施肥，适合现代人忙碌的生活节奏，因此也称为懒人植物。

那是年少时不知从何处得到的一盆仙人掌。一株手掌大小的绿色植物，长满了尖刺，随便插在土里就可以生长，"手掌"边缘长出的小芽，几个月之后又长成一个新的"手掌"，而且这些肉肉的"手掌"上还可以开出黄色的花朵，结出红色无刺的果实，简直是神奇之王！有段时间，我对仙人掌十分痴迷，不断地把仙人掌的芽掰下来种在花盆里，以致我中学毕业时，屋前的仙人掌已堆积得像小山一样。

仙人掌的故乡在中美洲墨西哥炎热干旱的沙漠中，那些"手掌"上面的刺其实是退化的叶片。为了适应干旱少水的环境条件，叶退化成刺状，不仅可以减少蒸腾作用水分的丧失，又可以防御一些天敌的侵害。而那些手掌状的"叶片"其实是仙人掌肉质化的茎，内部丰富的储水组织可以存储大量水分，供干旱时植物体生存需要。

越发佩服之余，很想去更多地了解它们。

分子证据显示，仙人掌科植物大约在距今3 500～3 000万年才出现，最早起源于美洲热带。为适应干旱少雨的恶劣环境，仙人掌家族的叶片进化成针刺状或绒毛状，不仅可减少水分蒸发，还可在夜间温度降低时凝结空气中水分。一般植物用叶片来进行光合作用，茎枝会呈现褐色，仙人掌等植物则不同，叶片退化为针刺后，主要依赖肉质化的茎来代替叶片行使光合作用的功能，因此仙人掌的茎呈现绿色。

仙人掌开出鲜亮的花朵，用美味的花粉吸引着动物们为之传粉，而成熟的果实则成为一些鸟类或其他动物的美味佳肴，享受美味之余，顺便将种子散布各地。

巨人柱是仙人掌家族中较大型的成员。墨西哥北部炙热无比的索罗兰沙漠中，巨人柱花朵在夏夜悄然绽放，充满花蜜的白色花朵静静召唤着授粉者前来享用。此时，无数蝙蝠从加利福尼亚湾某个岛屿的巢穴出发，千里迢迢赶往索罗兰沙漠，蝙蝠们（尤其是已经受孕或正在哺乳的母蝙蝠）需要补充大量能量以养育自己的后代，它们享受着花蜜的同时，花朵中的花粉便粘在它们的脸上。当它们访问下一朵花，花粉被带到了另一朵花的柱头上，顺便完成巨人柱的异花传粉。数周之后，成功授粉的花儿变成果实，再次成为蝙蝠们最主要的食物来源。为了享受美味的营养大餐，蝙蝠们夜间来回飞行达60里，它们吞下果实，顺便将巨人柱的种子撒向了周边的大沙漠……

因为多姿的株态、多变的茎棱、多样的刺毛、多彩的花朵，巨人柱等仙人掌科植物逐渐成为多肉世界的一类奇葩。仙人掌科家族庞大，从高达十多米的巨人柱，到直径仅1厘米的松露玉，无一不受到人们的宠爱。多种多样的迷你仙人掌家族成员已经成为人们的座上宾、孩子们在家中把玩的萌物。

这些各式各样的仙人掌家族成员们，是如何来到世界上，一步步变成今天这个样子的？变异没有方向，自然环境的变化决定着自然选择的方向。就算是善于改变世界的人类也难以预测，明天的明天会有什么新的种类出现吧！

原生于炎热的干旱沙漠，仙人掌家族有自己的生存策略：茎肉质化，存储大量水分，供干旱时生存需要；叶片退化成为刺或绒毛状，以减少水分的蒸腾丧失；夜晚开出鲜香的花朵和美味的果实，吸引动物为之传粉或传播种子。

萌宠竟成恶魔

萌宠的仙人掌家族受到现代人的欢迎，殊不知一旦离开人的把控，野生的仙人掌犹如脱缰的野马，无法控制。

仙人掌原产中美洲。由于果实可以食用受到人们欢迎，15、16世纪之交，哥伦布多次到达美洲，将很多仙人掌植物带回了欧洲。在气候与原产地类似的地中海沿岸和北非，仙人掌由于生存和繁殖能力强，迅速归化并扩散开来，成为当地重要的经济植物。

16世纪时，葡萄牙人借口货物浸湿要暴晒，进入澳门，仙人掌被有意或无意中传入中国。由于其生命力极其顽强，哪怕一小段残茎都有可能复活，遇到透水透气的沙质土便会生根发芽，见缝插针似地扩散开来。如今，在中国广东、海南、广西、福建、台湾的沿海区，仙人掌遍地皆是，甚至成为令人生厌的恶性入侵植物，热带、亚热带海岸滩涂的噩梦。更为担忧的是，近年来仙人掌在我国云南干热河谷的灌丛中，已成为一个优势种，彻底改变了原有生态系统的基本结构。

早在19世纪，这些美丽的仙人掌曾在澳大利亚引发一场物种入侵的灾难。有一种介壳虫叫胭脂虫，主要寄生在仙人掌上，其体内含有一种胭脂红酸，是当时英国军服红色染料的主要来源。由于当时胭脂虫养殖业被西班牙所垄断，进口价格高昂，于是英国开始把胭脂虫养殖业引入自己的殖民地澳大利亚，因此，第一批来自美洲的仙人掌远渡重洋进入澳大利亚。然而结果并不理想，引入的胭脂虫不适应澳大利亚炎热干燥的气候，纷纷死去，而没有了天敌的威胁，生命力顽强的仙人掌在高温、沙质土壤的开阔地带如鱼得水，很快就蓬勃发展起来了。于是，一场浩浩荡荡的人类与仙人掌大战拉开了序幕……

据报道，1912年澳大利亚约1 173万公顷的土地被仙人掌侵占。被无声的恶魔侵占家园，人们想尽办法，用刀砍、连根拔甚至连喷火枪都用上了，虽然耗费巨大，但收效甚微。后来人们发现，在其原产地，有一种名叫仙人掌螟蛾的昆虫以仙人掌为食，从而将它引入澳大利亚，终于在1935年，成功控制仙人掌的疯狂蔓延。

如今，仙人掌已被引种到世界的许多地区，如非洲、欧洲南部以及南亚，被南非等许多地方认定为入侵种。在斯里兰卡，它们在汉班托塔和亚拉国家公园之间长达30公里的沿海沙地蔓延，面积达数百公顷，密密麻麻成片生长，人类和动物根本无法靠近。猕猴鸟类以及其他动物，大量取食仙人掌的果实，并为之传播种子，而且仙人掌不仅仅依赖种子繁殖，不小心折断的残茎一旦接触到沙地仍可繁殖。

近两百年来，由于世界各地贸易经济往来频繁，人类在有意或无意中促进了物种的传播，成为当地的外来种。外来种遇到合适的生境会大肆繁衍，影响当地的生态系统，而成为外来入侵种。中国95%以上的入侵物种是由人为引入或带入的。

比如，原产北美东北部的加拿大一枝黄花，最初作为庭园花卉被引种于上海、南京等地，后逸为野生。由于其耐寒、耐旱，喜阳光充足的环境，引入后不仅生长茁壮、繁殖能力强，而且根部还能分泌化学物质干扰其他植物的生长，严重影响当地的生物多样性，堪称"所到之处，万物凋零"的"霸王花"。现已入侵欧洲、亚洲、大洋洲等地，成为世界性的外来入侵杂草。

20世纪作为猪饲料引进的凤眼莲（水葫芦），飘浮在华东、华南的河道、湖泊，在水面泛滥成灾，对本地生物造成极大的干扰，导致部分淡水生态系统近乎崩溃。每年需要耗费大量人工及机械打捞来清理，人们还采用化学防治、生物防治等方法，但效果似乎并不理想，往往在短时间内又被凤眼莲占满。

外来种入侵当地生态环境的案例还有很多很多，如薇甘菊、空心莲子草、飞机草、豚草、紫茎泽兰等等。目前中国已经确认的外来入侵动植物达500余种，每年造成上千亿的经济损失。根据世界自然保护联盟的报告，外来入侵物种给全球造成的经济损失每年超过4 000亿美元，已经成为全球性的生态问题。

为了有效防治外来入侵种，在各港口和入境要道，检验检疫人员必须一丝不苟地检查各类进口货物，严防有意或无意携带进来植物种子、植物碎片、病虫害等，维护着中国的国门生态安全。研究人员也为此进行了艰苦卓绝的努力，根据不同入侵种的特点研究出对应的防治措施，其中生物防治便是其中有效措施之一。

至于对仙人掌的控制，很多人会有疑问，仙人掌螟蛾的引入是否又会带来另外一场新的入侵呢？或许，这场反入侵的生态大战还需要人们更多的努力和尝试。

萌宠也好，恶魔也罢，它们沉浸在自己的世界里，全然不顾人们的赞誉、惊讶甚至厌恶，独自花开花落。

离开原始生境的自然把控，仙人掌超强的适应能力和繁殖能力使之迅速扩散开来，成为热带沿海滩涂的外来入侵种，严重影响当地原有的生态系统。

瓦砾间的奇迹

如果说仙人掌家族是现今世界的新宠，那么深藏在国人记忆深处的多肉植物则当属瓦松了。

那年秋季的某个周末，和朋友相约镇江市，游览美丽的"镇江三山"之一的焦山。四面环水的岛屿，满山苍翠，寺庙、楼阁等名胜古迹掩映其中。青砖灰瓦的房子，窄窄的巷子，温润的石板路，有种恍若隔世的感觉。然而，最令我难忘的是那些瓦房屋顶上的瓦松！

那天，我们走进一处小院，抬头一望，竟然惊喜地发现：无数小松塔般的瓦松静静挺立在屋顶青瓦间，肉肉的棒状叶片螺旋状生长，茎顶端伸出长长的圆锥花序，上面开满淡粉红色小花。

那个院子曾经是东汉末年焦光隐居之地，时隔 1 800 余年，我有些恍惚。没有肥沃的基质，瓦松们是何时扎根于如此贫瘠的瓦砾间，难道历经千年岁月的洗礼，它们穿越历史，来到人间，只为在那个午后与我相遇？

"为什么只有它们能长在那里，其他植物也可以吗？"女儿显然有些好奇，打断了我的沉思。

我回过神来，开始给女儿解释起来。瓦松是景天科的一种多年生肉质草本植物，不仅可以生长在屋顶瓦垄间，还常在我国北方的旱坡石缝中见到。这些地方白天炎热夜晚寒冷，昼夜温差大，为了在这种环境下生存下来，瓦松这样的植物经过长期适应和进化，发展出景

小贴士

　　景天酸代谢（Crassulacean acid metabolism）途径，简称 CAM 途径，是一种独特的光合代谢途径，最早发现于景天科植物而得名。

　　景天酸代谢途径多见于炎热干旱地区的植物。白天气温较高，它们便关闭气孔以减少水分蒸腾。夜间温度比较低，打开气孔吸收二氧化碳，并以苹果酸的形式存储于液泡中，白天气孔关闭，苹果酸由液泡转入叶绿体中，进行脱羧反应释放二氧化碳进行光合作用。

天酸代谢途径这一套独特的适应旱生环境的机制，以避免水分过快地流失。

　　一般说来，生长在炎热干旱地区的植物，如果白天打开气孔吸收二氧化碳，体内的水分将会快速蒸腾掉，导致植物很快失水萎蔫甚至死亡。为在干旱热带地区生存下来，仙人掌、瓦松等拥有景天酸代谢能力的植物发展出一套生存策略，对二氧化碳的固定实行时间分离。通过先保存再释放二氧化碳的过程，植物就可以避免白天水分通过敞开的气孔过快地流失。瓦松之所以能生长在干旱的屋顶，是与这一奇妙的生存策略分不开的。

　　景天酸代谢途径是一种精巧的碳固定的特殊方式。后来发现除了景天科植物，仙人掌科、凤梨科、番杏科、百合科等共计 1 万多种植物，以多肉植物为主，都有这种代谢机制以适应环境，代表性的植物有仙人掌、凤梨和长寿花等。

在一定范围内，夜间气温越低，景天酸代谢植物二氧化碳吸收越多，到了白天，温度越高，苹果酸脱羧越快，光合效率越高。因此，在栽培技术上可以利用这个特点，在一定范围内，尽可能加大温室的昼夜温差，并且在晚上提高室内二氧化碳浓度等，可促使这类植物加快生长。

在贫瘠的屋顶，没有人浇水，没有人施肥，甚至连基本的土壤都缺乏，其他植物望而却步，唯有瓦松独自茁壮地生长在那里。任凭烈日和暴风雨的肆虐，饱受酷暑和寒冬的考验，它们依然挺立，倔强地生存繁衍，形成一道亮丽的风景，也成为人们对古旧瓦屋的难忘记忆。

尽管瓦松对干旱的环境具有极强的适应能力，但如今伴随小城镇建设的步伐，千篇一律的高楼大厦一夜间矗立起来，具有深厚地方文化底蕴的青砖瓦房越来越稀少。在钢筋水泥的现代文明中，瓦松逐渐隐身匿迹，只能隐藏在那些少有的古色古香的秦砖汉瓦之间，而且随着环境污染的加剧，瓦松的数量正在逐渐减少。

写到这里，我的笔竟然有些沉重，我不知道瓦松们的执着还能经受多少年岁月洗礼，当黳黑屋瓦的生存缝隙逐渐退出历史舞台之时，瓦松是否也会像东汉末年的焦光那样逐渐隐归山林石缝，并逐渐从人类视野中隐去。我很想说，请保护瓦松所依存的古老建筑，保护瓦松生长所需的青山绿树，保护人类对古老文明的记忆。

瓦松如小松塔般傲然挺立在干旱贫瘠的屋顶瓦垄间，也因此有了"瓦松"之名。逐渐稀少的瓦松已经成为人们对古旧瓦屋的回忆。

吸光大比拼

立冬。难得的灿烂阳光。

搬一张躺椅，在阳台充分享受冬日的温暖。阳台上的花草们也挺直"腰杆"，穿着绿色的"外衣"，伸展枝叶饱吸阳光。我很羡慕它们，能够直接"取食"光能，转化为自身所需要的能量，而我只能短时满足皮肤表面的温暖感而已。

的确，植物是唯一拥有叶绿体，能直接利用太阳光能的生物。有了叶绿体，植物便能利用光能把空气中的二氧化碳转化成植物机体内的碳水化合物，也就是说大气中的碳被植物"固定"了下来。

叶子就好像一块太阳能电池板，能够吸收太阳的能量。叶子里的叶绿素，利用阳光，将二氧化碳和水转化成植物重要的食物——糖。叶片表面的小孔能够帮助植物呼吸和排水。

究竟是什么组织让植物具有如此特异功能呢？纵剖植物的叶片，发现表皮下面的叶肉细胞，有一排排列成栅栏状的大型薄壁细胞和一些排列疏松的海绵细胞，叶绿体主要分布在这些叶肉细胞中。然而，不同的植物对光能的利用效率却有差别。

一般说来，大多数高等植物（如水稻、小麦、棉花、大豆等）的光合过程都在叶肉细胞里完成，光合作用的最初产物是3-磷酸甘油酸（三碳化合物），因此这类植物称为C3植物。植物对二氧化碳的固定实行的是空间分离，即在白天通过叶肉细胞吸收二氧化碳，同时在维管束鞘细胞中进行碳固定。

另外有一类植物，如甘蔗、玉米、高粱、苋菜等，植物叶片维管束薄壁细胞较大，含有许多较大的叶绿体，而外面围成环状的叶肉细胞数目少，叶绿体小，形成特殊的"花环型"结构。这类植物的光合途径中是以草酰乙酸（四碳化合物）为最初产物，因此这类植物称为C4植物。

C4植物二氧化碳固定能力比C3植物至少强60倍，尤其在二氧化碳浓度低的环境下差别更大，因此，C4植物的光合效率明显高于C3植物。

在干旱环境中，气孔关闭时，C4植物能利用细胞间隙中含量极低的二氧化碳，从而能够继续生长，而C3植物不能。因此，相对于C3植物来说，C4植物能生长在更为严酷的高温和干旱地区，尤其是夏天，尽管C4植物顶着高温大太阳，但只要土壤–根–叶–空气的水循环没有问题，依然精神抖擞。

然而，植物的光合途径可塑性大，某些环境的变化会引起植物光合途径在C3和C4途径之间转变，如水稻等C3作物的光合碳同化途径可由C3向C4的转变来提高其50％的光合效率，进而提高作物产量。C3植物具有的C4途径是环境调控的产物，是对逆境的适应性进化结果，也是植物增强生存能力和竞争能力的需要。

地质时期以来，大气二氧化碳浓度降低、大气温度升高以及土地干旱和盐渍化是C4途径进化的外部动力。C4植物是由C3植物进化而来的高光效种类，C4植物通过"二氧化碳泵"作用以提高光合效率。C4途径的羧化和脱羧在空间上是分开的，即羧化在叶肉细胞中进行，脱羧在鞘细胞中进行，而在时间上没有分开，均在白天进行。

正如前面所说，自然界还有一类如仙人掌和瓦松等景天酸代谢植物（CAM植物），发展出景天酸代谢这一套新的代谢途径，它们对二氧化碳的固定实行时间分离，即夜间打开气孔吸收和存贮二氧化碳，白天关闭气孔释放二氧化碳进行光合作用，而在空间上没有分开，均在叶肉细胞叶绿体中进行。

为了更充分利用阳光，植物们在适应环境的过程中不断发生变异，有效的变异被环境筛选（即自然选择）保留下来，成为植物独特的适应特征。

除了光合作用代谢途径不同外，科学家还发现，林荫下的一些耐阴植物（如紫背竹芋等），叶背面呈现紫红色，这些植物能较好地两次利用太阳光，第一次从上面照射下来的光，第二次是利用从下表面反射上来的光。有些植物（如合欢等）的叶片还能追随阳光的方向，跟着转动，以提高吸收光的效率。而面对太过强烈的太阳光，桉树竟然会调节叶片的方向，让叶面与光线平行，以尽量减少光直接照到叶面上，因此桉树林被称为"没有影子的森林"。

在自然界，叶绿体的存在使得植物对太阳能的有效利用成为可能，同时成为固定太阳光能，进行植物碳积累、生长发育和生物量积累的重要源头。

科学网上有一篇报道，美国普林斯顿大学的科学家发现一种擅长收割阳光的隐芽海藻。海洋深处的阳光十分微弱，一般难以形成光合作用的酶化学反应，能够收割微弱的光量子就成为海藻存活的关键。这种隐芽藻类具有超强光吸收能力，能快速捕捉光能并将其转化为食物。该发现将有助于制造新一代光捕捉系统仿生设计，研制一种能在小面积内吸收大量光子的有机材料。那么，人类是否可以仿照叶绿体的结构功能制造一件能利用太阳光能的衣服？如果有那么一天，能够直接"吸食"太阳能，食物将不再只从口部摄入了吧。

植物是唯一具有叶绿体，能直接将太阳光能转变为自身能量的生物。不同植物光能利用效率不同，水稻等C3植物、玉米等C4植物以及瓦松等CAM植物各显神通，进行着吸光大比拼。

叶形变幻记

近年来，一些"无厘头"的节日在一定范围内被强化，"光棍节"便是其中之一。每年 11 月 11 日，光棍节的神物——光棍树都会被搬出来，成为众人无厘头的谈资焦点。

因为它们的形态与其名字十分匹配，浑身光光的绿杆子远远就能看到。

"怎么不见叶片？枝条居然是碧绿的！"很多人发出这样的疑问。

殊不知，光棍树正是以叶片退化而著称，别名绿玉树，是大戟科的一种多肉植物，分枝多，枝干细棍状，刚长出时呈现绿色，后来渐渐变成了灰色。然而，光棍树并不是真的光棍，它其实是有叶片的，只不过退化成细小的鳞片状，稀疏地散生在枝端，早早脱光，只留下黑色叶痕。但如果植株生活在潮湿之地，枝干上就会见到更多的鳞片状叶片。

为什么光棍树的叶片会退化呢？因为光棍树原产于非洲热带沙漠，高温少雨的气候，使得体内的水分变得格外珍贵，叶片便退化以减少蒸腾失水，让绿色的枝条代替叶子行使光合作用。尽管光棍树长势较慢，但多年的"老光棍"依然可以高达数米。如同其他大戟属植物，光棍树茎干折断后也会流出有毒的白色乳汁，可以避免绿色枝干被动物取食。

沙生植物叶片退化，其实是早就司空见惯了的，仙人掌类植物不也如此么。植物叶片的形态与原产地光照、温度和水分等生境有关，如果光棍树长期适应潮湿之地，叶片是否能再次"稳居"枝干并逐渐进化到阔叶状态呢？或许，这只是进化时间长短的问题吧，但那会是一个新的物种了。

自然界中，植物叶片千奇百怪，从水生、湿生到旱生，大体上会呈现出叶片面积逐渐缩小的趋势，即从阔叶类型逐渐向针叶类型过渡。而同一纬度带甚至同一片森林，植物叶片的表现也有万千种，造就了极其丰富的植物叶片的多样性。

在水分充分的热带雨林，当郁郁葱葱的林冠层遮掉大部分阳光，对林下植物而言，阳光成为堪比黄金的稀缺资源，是影响植物生存的限制因子。龟背竹、海芋、春羽等叶片面积较大的物种能接收更多的阳光，而在竞争中获胜。可是叶片太大也有风险，热带雨林频繁的强降水会对叶片带来不小的伤害，春羽、喜林芋等叶片羽状深裂，龟背竹甚至在叶片中间出现穿洞，来缓解雨水冲击力；菩提树等植物的叶片尖端细长，形成长尾状的滴水尖，可以将叶片上的积水快速地导流掉，并且通过泌水作用来排除体内多余的水分。

叶片是否可以无限增大呢？2013年西双版纳热带植物园研究人员发现，随着叶片面积的增大，叶片边缘部位的导水功能和气体交换等生理功能受到抑制，易导致叶片边缘因高温灼伤而"干枯"。这一结果在一定程度上解释了叶片面积不能无限长大，以及巨大叶片植物在植物界很稀少的原因。

在自然界，不仅不同物种之间叶形不一样，而且同一种植物也会呈现两种或多种不同的叶形。在上海郊外的池沼中，许多水生植物的叶片为异型叶，如慈姑的水下叶片为了减少流水阻力而呈线性，水面上叶呈戟形，以增加光合面积。

令人惊讶的是，同一种植物在不同生长阶段也会呈现不同叶形。

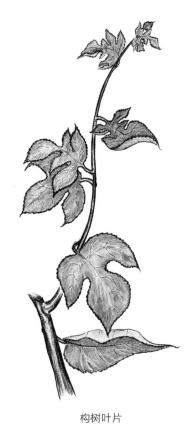

构树叶片

高大乔木台湾相思的苗期第一片真叶为羽状复叶，长大后小叶退化，叶柄变为披针形、革质化的叶状柄，增加植物的耐旱性。

有的植物，生殖叶与营养叶形态完全不同。比如，蕨类植物紫萁的营养叶二回羽状，羽片长圆形，而孢子叶的羽片均缩短，呈线形。科学家认为，孢子叶的特化可以减少孢子散发时叶片的阻碍。

荠菜等十字花科植物的基生叶丛生莲座状，大而羽状分裂，而茎生叶片小而披针形；而藤本植物常春藤的叶片在营养枝上为三角状卵形，在生殖枝上椭圆形，两处叶形相差甚远。科学家为此推测，叶形变化是为了给传粉者们一个暗示："我很快就要开花了，你们准备好了没有？"

太阳光是植物光合作用必不可少的能量来源，叶片是主要的光能接收器，叶片的大小、形状和结构会直接影响光能的利用率。除了采用"叶镶嵌"增加光能利用率外，植物家族在进化历程中可谓"八仙过海，各显神通"。

然而，自然界有很多难以理解的叶形变化：鹅掌楸的叶形为何呈现马褂状？构树不同部位的叶片为何常常出现不同程度的凹缺？斜叶榕为何每一片叶子都形状不一样，如同人为随意剪过一般？或许，叶形变幻的真正机理还有待科学家们的进一步探索。

德国哲学家黑格尔曾经说过："存在即合理。"上帝没有创造万物，但似乎"创造"了一个万物运行的规律，所谓适者生存，不适者淘汰，那就是尽力地适应周边的环境，所有不适应环境的形态或性状会逐渐退出历史的舞台。

不同种类的植物叶片形态差异很大，热带林下海芋叶片阔大而全缘，春羽叶片形成深裂，鹅掌楸叶片呈现马褂状，温带或寒温带植物叶片呈针状，干旱生境中的光棍树叶片掉光光……为适应不同的生态环境，植物的叶片呈现千姿百态。

植物中的大力士

　　夏秋之交，植物园的水面上漂浮着很多翠绿色的"宝莲船"，"船体"之间探出一朵朵或洁白或粉红的花朵，散发出淡淡的芳香，引来无数游客的好奇和围观。

　　这些"宝莲船"便是有着"莲花之王"美誉的克鲁兹王莲（叶背浅绿色）或亚马逊王莲（叶背紫红色）硕大的叶片，为水生植物中面积最大的叶片。它们直径达2米，四周向上反卷，像一个超大的绿色平底锅。虽然只是一片巨大的叶子，但它的支撑和承重能力却极不一般。

　　瞧，宝宝坐着王莲叶上面，王莲叶依然稳稳地浮在水面上，没有沉入水中！其实，在王莲的原始生境——南美热带亚马孙河的小河湾和支流里，王莲叶片可长至直径2.5米左右，最大可以承载60公斤的重量而不下沉。

　　为何王莲叶片会具有如此大的承载力？不少人发出这样的疑问。抬起一片王莲叶，只见叶片的背面密布许许多多粗大的呈放射状的叶脉，叶脉之间还有镰刀形的横筋紧密联结，构成一种非常稳定的网状骨架。哦，原来正是这样的纵横交错的网状骨架，形成一个个气室，才使得硕大的叶片稳稳地浮在水面！

　　"可是它们为何要进化出这么大的叶片？不是叶片越大，要承受暴雨的冲击力也就越大，就更容易受伤么？"的确，比如龟背竹的叶片边缘深裂和中间穿洞现象正是为了减少暴雨的冲击力。

在长期的进化历程中，叶片面积越大越能多地吸取太阳光的能量，因而王莲的叶片在演化过程中逐渐增大。但是叶片的增大不仅要增加营养运输的难度，更重要的是需要更大的浮力支撑。因此，叶背的网状脉变得更加粗壮以支撑起庞大的叶片重量，也能抵挡雨水的冲击力。

人们推测，王莲叶片边缘向上反卷，加上背部叶脉上长长的刺毛就构成了完美的防护罩，既不容易被狂风撕裂，也能防止水体中动物对叶片的啃食，而完整的叶片更能有效地进行光合作用。更重要的是，如果细心观察的话，还会发现王莲叶反卷的周边有两个缺口，成为泄水口，这样可大大降低"船体"的蓄水高度，减轻重量，使之不容易沉下去。

王莲最早是1801年德国植物学家亨克（Tadeáš Haenke）在南美旅行时发现的。因其具有王者的风范，1827年植物学家以当时英国维多利亚女王"Victoria"的名字作为王莲的属名。1959年，中国从德国引种并在温室内栽培获得成功，称之为"王莲"。自从发现王莲以来，人们对于王莲的强大支撑力十分好奇，试图将其用于建筑设计。

王莲

1851 年，首届世界博览会在英国伦敦的海德公园内举办，一座宏伟的高大建筑——水晶宫矗立起来，整个建筑物全部由钢筋和玻璃板搭建而成，总长度达到 563 米，为少有的大跨度建筑，引起伦敦市民的一片惊叹。而它的设计者竟然并不是建筑设计师，而是一位名叫帕克斯顿（Joseph Paxton）的园艺师。他受到王莲的启发，结合自己设计温室的经验，完成水晶宫的设计。水晶宫的方案完全突破了砖石结构的建筑风格，有人把它形容为现代建筑的第一朵报春花。

王莲的奇特性除了叶背发达的叶脉和强大的支撑力外，还有它硕大的花朵。王莲花直径可达 25 ~ 30 厘米，夏秋的傍晚伸出水面开放，第一天呈现雪白色，有白兰花的香气；次日早晨逐渐闭合，傍晚时分再次开放，花瓣变成粉红色；第三天闭合凋谢后沉入水中，种子在水中成熟。因此，因其善变的花色，又被称为"善变的女神"。

自然选择犹如一个筛子，以它自身的标准留存了许多人类看来很奇特的现象，如王莲硕大叶片的承载力和善变的花色之谜。科学家们正在寻找各种可能的证据，试图从人类的角度来思考，来对其存在的理由找一个合理的解释，尽可能地还原事实的真相。

有着"莲花之王"美誉的王莲，叶片四周向上反卷，凭借着叶背发达的纵横交错的网状叶脉骨架，硕大的叶片稳稳地浮在水面上，并能承受30千克的重量而不下沉。

结识槲寄生

一直以来，我们用"不劳而获"来评价那些不依靠自身努力，专门依赖他人劳作为生的人，"寄生虫"成为他们的代名词。然而植物界中也有一类这样的"寄生虫"植物。

我最早接触寄生植物是在华南植物园读研究生期间，一位师姐研究的就是槲寄生植物，因此常能看到她从野外采集回来的标本。有天，师姐兴冲冲地从野外回来，说终于采集到槲寄生黏黏的果实。只见那些槲寄生们茎干绿色圆柱形，呈二歧或三歧分枝，乍一看我还以为是光棍树的枝条。走近了看，它的叶片长椭圆状革质，果实黄色，圆圆的，光滑得有些透明，一看就是非同寻常的"货色"。

师姐告诉我，这些槲寄生不仅仅只寄生在槲树上，还常常寄生在榆树、枫杨、椴树等木质灌木或高大乔木上。因为它们四季常青，与寄主的茎叶形态迥然不同，入冬结出各色的浆果，尤其是秋天寄主落叶以后，常绿的那团植株就暴露出来，非常容易识别。

而当时我更好奇的是，槲寄生枝和叶都为绿色，表明体内是含有叶绿体的，明明能够"自力更生"，为何沦落到"寄人篱下"的地步？

其实，槲寄生只是一类半寄生植物。它们含有叶绿素，能进行光合作用，提供自身所需的有机养料，但植物生长所需的水分和养料却

需要依赖寄主。它们的根变异为寄生根，扎进寄主的树皮，与寄主的维管束融为一体，吸取寄主的水分和矿物盐类。全世界约有70余种槲寄生，从热带到温带都有分布。中国有11种，除新疆外各省均有分布。不同的种类常常选择不同的寄主，而且部分种类能利用不同的寄主。

如果槲寄生从寄主身上吸取养分过多，宿主植物就会变得不健康，甚至因此枯萎。许多寄主被拖得奄奄一息，甚至被压垮。达尔文在《物种起源》中解释种间斗争时，就曾经以槲寄生为例，他认为如果一株树上槲寄生等寄生物过多，那株树就会衰弱而死去。在我国青海省，就曾有0.9万公顷的云杉因为受到槲寄生的影响，"生长量和寿命减少，再生能力和材质下降"。

然而，有趣的是，槲寄生这种靠寄生他物生活的"寄生虫"竟与圣诞节渊源颇深？这要从一个古老的北欧神话说起。

神话故事中，光明之神巴德尔（Baldr）梦见自己不久将死于非命，他的母亲爱神弗丽嘉（Frigg）为了保住儿子的性命，不惜造访万物，要求它们立誓不得伤害巴德尔。但当她看到神殿外的一株槲寄生时，却认为它弱小到没有能力伤害人而未要求它立誓。结果在一场箭术比赛中，巴德尔被那株槲寄生制成的箭射死。由于巴德尔最终得以复活，弗丽嘉便赐予了槲寄生以"爱，和平，宽恕"的意义。现代的西方圣诞风俗中，槲寄生也就成了一种圣诞装饰或做成圈挂在门口，站在槲寄生下的人不能拒绝亲吻，而在槲寄生下接吻的情侣将会幸福终生。

槲寄生除了圣诞装饰用之外，在中国还可以全株入药，有更重要的药用价值。

　　需要指出的是，槲寄生的果实含有一种植物血凝素——槲寄生素，对人体有毒，吃了会导致严重的胃痛和腹泻。尽管如此，依然有不少动物靠吃槲寄生果实来补充营养。一部分槲寄生种子在经过消化之后依旧保持着活力，因此得以传播后代。

　　槲寄生依赖鸟类传播种子，在欧洲尤其依赖槲鸫。槲寄生的浆果里含有黏性很强的汁液，被鸟取食后会很快排出，这时可以看到种子拉着丝挂在鸟屁股上。当鸟停歇时，槲寄生的种子就能粘在树干上，若恰巧落在寄主植物的树干上，种子便得以萌发。槲寄生的属名 *Viscum* 就是"粘鸟胶"的意思，古代欧洲人就利用这种黏糊糊的果实来捕鸟了。

　　生态学家研究发现，槲寄生虽然本身在整个生物群落中所占的成分非常小，却对整个群落有着不成比例的巨大作用。在澳大利亚，更有超过75%的鸟类使用槲寄生筑巢。此外，还有一些蝴蝶仅依靠槲寄

小贴士

　　在一部美剧《老友记》里，也曾出现和"槲寄生下亲吻"相关的桥段。剧里的女主人公蕾切尔（Rachel）在家中举办圣诞派对，胖胖的大楼管理员企图借助习俗来勾搭雷切尔，"这挂的是槲寄生吧？（哼哼我要来亲你了）"。雷切尔抬头假装辨认了一下植物，用了一句"对不起哦亲，我觉得那是罗勒"，有礼有节的拒绝让胖胖的大楼管理员无功而返。

生的花蜜为食。有研究表明，被槲寄生果实吸引过来的动物，往往也会将其刺柏等寄主的果实一起吃下肚子，从而将这些植物以同样的方式扩散到更为广阔的范围内。因此，科学家认为槲寄生数量越多，整个地区的生物多样性就越高。

自然界中的半寄生植物有上千种，除了最为常见的槲寄生外，还有桑寄生、柿寄生、梨果寄生等等。远看像鸟窝，仔细看看，说不定就是它们哦！

不是所有的植物都能自力更生，"令人讨厌的"半寄生植物槲寄生便是其中一类。通过寄生根插入寄主的树干，吸收着寄主的水分和无机营养，却因为一个古老的欧洲神话，它成为圣诞节受欢迎的装饰物，成就了无数美妙的爱情。

菟丝子的寄生

当绝大部分植物都"兢兢业业"奋斗在生产第一线时，自然界中有些植物在进化过程中却逐步"染上"了寄生的"懒病"。它们的叶片近乎完全退化或缺少足够叶绿素，不能进行光合自养，其养分和水分全部依赖寄生。寄主逐渐枯竭死亡，它们却"坐享其成"，成了植物进化史上一类奇葩的"寄生虫"。

一般说来，寄生植物有许多适应寄生生活的共同的形态和生理特性，比如植株趋于简化，并都具有特化的吸器，吸器穿过寄主的表皮、皮层以便吸取寄主的水分及养分。这些寄生植物多具有惊人的繁殖力，其营养体还有很强的生命力，在没有碰到寄主时，能长期地保持生命不死，一旦碰到寄主，又能恢复生长。

菟丝子给我的第一印象是一团可恶的"乱麻"，看不见叶，无数纤细的红色茎右旋缠绕在大豆的枝叶上，勒得大豆们难以"喘气"，大豆的收成明显降低。它的贪婪和霸道令人生厌！

菟丝子为一年生寄生草本，其根退化消失，叶片全部退化，而主茎却生长迅速，不断地抽生出许多新茎，密密缠住寄主，并从茎中长出一个个小吸盘，伸入到寄主茎内，吮吸里面的养分。它的花很迷你，白色，结出大量种子，撒落在地里。据说一株菟丝子，可以结出3万颗种子，繁殖力超强！春季萌发的小幼苗一旦碰上荨麻、大豆等寄主的茎后，马上将寄主紧紧缠住，然后顺着寄主茎干向上爬。

与只吸取寄主的水分和无机盐的半寄生植物（如槲寄生等）不同，由于叶片的退化，菟丝子成为完全依赖寄主的水分、养料的全寄生植物。此外，中国南方还有一种藤本寄生植物无根藤，与菟丝子"长相"相似，常寄生在乔木、灌木及草本植物上，分布广，危害严重。

后来人们知道菟丝子还是很好的药材后，一度从剔除菟丝子，保护寄主豆科植物的生长，开始转变为种植豆科植物来收获菟丝子。

更有趣的是，最新研究表明，菟丝子能同时寄生在多种邻近的寄主上，能在不同寄主植物间传递某种系统信号。换句话说，如果其中一株或一种寄主植物受到昆虫取食，被取食叶片能产生某种信号，通过寄生植物菟丝子快速传递给邻近菟丝子的其他寄主植物，诱导它们也产生抗虫性。从某种意义上说，缠绕在寄主上的菟丝子犹如一张通信网络，协助寄主植物启动防虫反应，以维护自己的"独食"特权。

槲寄生、菟丝子等植物都寄生在植物的茎枝上，称为茎寄生。自然界中还有一类植物寄生在寄主的地下部分，称为根寄生，如列当、肉苁蓉和锁阳等生活在戈壁沙漠中的植物。大花草科植物也是一类寄生于葡萄科植物根茎上的肉质寄生草本。

一位西北的朋友告诉我，俗称"不老药"的锁阳是甘肃戈壁滩的著名特产，多寄生于沙漠里白刺或红柳的根须上。寒冷冬天，寄生在寄主根部的锁阳种子生命力旺盛，饱吸寄主的养分，慢慢长大成熟，叶片退化为细小鳞片，散生在花茎上。茎顶端是一个圆棒状的穗状花序，然后自体受精并结出大量种子，在一片荒凉的沙土中完成短暂的一生。

蛇菰科植物是一类寄生在杜鹃花科、壳斗科、豆科、桑科等寄主侧根上的全寄生植物，生境阴湿，完全异养。红色花朵从球状的根茎里"破茧而出"，像一个个奇异的"蘑菇"，个体娇小，没有恶臭的气味，多具鲜红色的外貌，以吸引昆虫传粉。由于种子传播后往往与寄主根际极难相遇，因此蛇菰在自然界中极其罕见。

一直以来，拥有叶绿体是植物最"引以为豪"的主要特征。这些全寄生植物为何要"舍弃"取之不尽的太阳光能和土壤中的"营养汤"，而将自身全盘"托付"给其他植物，去争夺寄主辛苦得来的营养？而且，没有一般植食性动物取食植物后的一些补偿效应，它们无偿索取寄主的养分和水分，对寄主造成很大的伤害。难道自然界要故意塑造一些"坏形象"，以衬托那些兢兢业业、默默付出的"模范"么？

在这些全寄生植物中，很多都是中国特有的名贵中药。前面提到的菟丝子、肉苁蓉、锁阳和蛇菰等植物，早在《本草纲目》一书中就被列为滋补药草。在市场利益推动下，野外的采挖使得其数量迅速减少。千百万年的进化历程，一系列的适应荒漠生境才得以存活下来的植物，已岌岌可危矣！

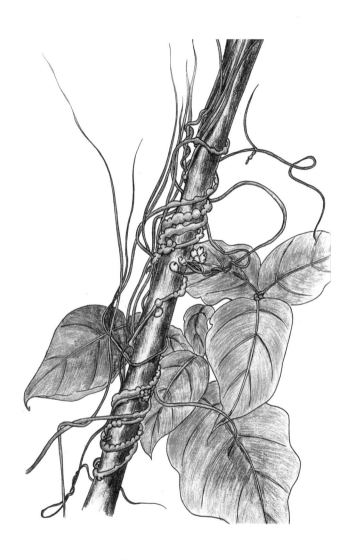

和半寄生植物相比，全寄生植物菟丝子更"懒惰"，叶片近乎完全退化，借助吸盘深入寄主大豆的茎内，吸取大豆茎内的水分和养分。菟丝子繁殖能力强，结出大量的种子，发芽后一遇到寄主便赶紧缠绕上去。

腐朽中见神奇

寄生植物依赖活体植物以获得营养来源。自然界还有一类植物，它们"懒"到极致，没有叶绿素，不进行光合作用，只能寄生在腐物上，甚至"懒"到连腐物中的营养都不能亲自摄取、必须由共生真菌"喂"它的地步。这类植物被称为腐生植物或菌根营养植物，是植物界中的"另类"。

水晶兰就是少有的几种开花的腐生植物之一。它全身白色透明，形如水晶，貌似兰花，而得名水晶兰。但它不是兰花，而是属于鹿蹄草科的植物，高约20厘米，全株没有叶绿素，依靠根周围的共生真菌行使根毛的功能，消化和吸收森林中的枯枝落叶的养分来存活。水晶兰干后变黑褐色，茎不分枝，叶片互生，并退化为鳞片状贴生于茎上，微微下垂的花朵单生在茎的顶端，在幽暗处发出诱人的白色亮光。水晶兰属均为腐生草本，全世界约有10种，主要分布在北半球，我国除了有水晶兰，还有松下兰分布。

水晶兰多生长在冷凉地带的山坡林下，曾被称为"幽灵之花"。试想，阴暗潮湿落叶层中，突然看见几株晶莹剔透的水晶兰，是多么的神奇！然而，神奇的水晶兰只适生人迹罕至的特定生境，而且其种子微小几无营养，依靠特殊的真菌才能存活，使得人工栽培一直未能成功。遗憾的是，见多了照片中它洁白无瑕的娇容，我却从未与它真正相遇过。

　　腐生植物中还有另外一类兰科植物——天麻。它没有根，不能从土壤中直接吸收水分和无机盐供植株生长，也没有叶绿素，不能进行光合作用为自己制造有机养分，借助共生真菌提供所需营养，过着"衣来伸手，饭来张口"的寄生生活。而且，天麻的一生中需要至少两种"伺候"它的真菌，一种叫萌发菌的真菌在它的种子萌发时为它提供营养，让它在地下长出土豆似的块茎；另一种真菌叫蜜环菌，为它的块茎提供营养。

　　天麻的一生历时三年，但95%的时光是在地下度过的。在每年夏天，一些"吃饱喝足"的根状茎才抽出一根花茎，从地面探出头来，借此完成繁育下一代的任务。天麻的花茎直立，黄褐色，形如箭头，中部以下可见明显的节，叶退化为膜质鞘状生在节上，总状花序生在茎顶端。天麻是名贵中药，因采挖频繁，野生天麻已濒临灭绝被列入国家重点保护植物名录。

　　处于单子叶植物演化顶端位置的兰科植物，演化出了复杂多样的腐生植物类型。无叶美冠兰也是一种典型腐生的兰科植物，没有绿叶，假鳞茎块状，花葶粗壮，褐红色，总状花序直立，花褐黄色。

　　由于腐生兰花全年大部分时间营养器官在地下度过，因此若没有开花则很不容易被发现。2012年11月，科研人员在云南一处背阳的常绿阔叶林下发现一种巨大的腐生兰花——尾萼无叶兰，总状花序高达1.97 m，一个花序可着生60朵花之多，十分令人惊叹！

　　丹霞兰是2013年在我国广东仁化丹霞山新发现的一个新种，绰号"鬼兰"，分布在神秘的丹霞地貌，生长在山中潮湿阴暗、人迹罕见之地，春夏之交突然展现出一大丛橙黄色的艳丽之花……

　　全世界的腐生植物有400余种，分别属于11个科87个属。这些腐生植物的根部与真菌形成长期共生的关系，真菌从死亡的维管植物体内获得养料，然后传递给腐生植物。由于资源限制，腐生植物的花较小、颜色暗淡、不具花蜜等传粉回报物，大都采用自动自交的传粉策略，即雄蕊顶端的花粉会落在同一朵花的柱头上，完成受精，不需要昆虫等媒介的帮助。因为植物为了产生大量的花粉、香甜的花蜜以及艳丽的花瓣等来招揽昆虫传粉，要消耗一定的能量或资源，腐生植物的专性自交传粉策略是应对资源紧缺的一种有效的进化策略。

在自然界，松等许多植物的根部也常常与真菌互惠共生，形成菌根。真菌吸收土壤中的水和无机盐促进植物生长，而植物也将自身光合作用产生的有机养料提供给真菌，满足真菌的生长发育的需要，两者之间是一种互利共生。

然而，腐生植物与真菌的这种共生关系中，腐生植物似乎只是单方面地依赖真菌吸取的营养，没有任何回报给真菌，那么，从某种意义上说，这些腐生植物能算是不折不扣的"菌根骗子"么？

水晶兰不是兰花，而是鹿蹄草科的腐生草本。它全身肉质化，不含叶绿体，茎不分枝，叶片退化为鳞片状贴生茎上，白色透明，花单生茎顶，微微下垂，花瓣合生呈钟状。全株依靠根周围的共生真菌获得的养分来存活。

懒惰的捕猎手

与"懒到极致"、完全靠真菌"喂养"的天麻不同，自然界还有一类植物，长期生活在贫瘠恶劣的环境中，却"不甘贫困"，进化出了各种捕虫特技，静等猎物上门，竟然也能收获满满。

第一种特技是温柔的陷阱。猪笼草是最常见的食虫植物，野生分布在亚洲的东南部和大洋洲的北部。这类植物拥有一个独特的吸取营养的器官——捕虫笼，是由叶片中脉顶端延长成卷须，卷须上部扩大反卷而成，下半部稍膨大，笼口上具有盖子，因其形状像猪笼而得名。捕虫笼构造复杂而高效，笼盖的腹部和瓶口边缘能分泌芳香蜜汁，借助蜜汁的香味和花的颜色引诱昆虫前来，而且瓶口和笼壁十分光滑，昆虫一不小心掉入笼中后，无法逃出，会被瓶内的液体毒死或淹死，并被逐渐消化，可溶性含氮物被猪笼草吸收作养料。

很多人误以为，一旦昆虫落入陷阱后，猪笼草的"笼盖"会立即合拢将其闷死再消化。真相是，笼盖并不是合拢，而是完成诱饵功能后，"眼睁睁地看着"昆虫在笼子里垂死挣扎，"坐等"吸食美味。

全世界约有85种猪笼草，多以热带藤本为主，捕虫笼有上位笼和下位笼之分，可捕获不同类型的昆虫，个别较大的猪笼草甚至能捕食小型哺乳动物。更值得一提的是苏门答腊岛特有的热带藤本植物—马桶猪笼草，因其捕虫笼状似马桶而得名，甚至常常为老鼠提供栖息场所，而老鼠的粪便也可成为猪笼草的营养来源。

瓶子草则利用其各式瓶状的叶子来捕猎。叶子有的呈管状，有的呈喇叭状，还有的呈壶状，人们就统称为瓶子草。尽管瓶子草不能移动，但"瓶子"的捕猎能力同样很强大，用好看的颜色、诱人的气味和蜜腺设下种种诱惑。这些瓶状的"诱捕器"在草丛中或斜卧，或直立，静静地守株待兔。一旦猎物落入瓶中，就无法逃脱。

与猪笼草一样，瓶子草的瓶盖位于瓶口的正上方，可以挡住降落的雨水，防止瓶中积满过多的水分，稀释了消化液。更重要的是，瓶子草成功捕食后，瓶盖并不闭合，而继续"坚守岗位"，以诱惑更多的食物。

第二种特技是致命的捕虫夹。捕蝇草是肉眼观察最具动感的一类食虫植物，也成为动画片中上镜率最高的"明星"。叶片特化为肉质贝壳状的捕虫夹，边缘有规则的刺毛，如同维纳斯的睫毛一般，捕虫夹里面生有稀疏的感触毛。令人惊叹的是，捕蝇草具有惊人的辨别能力，当枯枝落叶或雨点触碰叶片时，它根本就懒得理会，而当昆虫连续触碰两三根感触毛时，它能在半秒钟之内迅速关闭，因此被称为"维纳斯的捕蝇陷阱"。它是怎么做到迅速关闭的？运动的机理是什么？截至目前，科学家还没得出完美的解释。

第三种是特技香甜的诱惑。还有一类食虫植物，以致命的露珠为捕虫利器，它们就是茅膏菜。叶片上密布着晶莹剔透的"露珠"，看起来像花蜜，吸引昆虫过来，但实际上那是黏黏的胶，能粘住昆虫，堵住它们身侧的小孔，导致其无法呼吸。然后，所有的腺毛都向昆虫伸去，整片叶子裹住昆虫，最终将昆虫消化。

捕虫堇看似最"温柔"，外表极其柔弱，但通透洁净的叶片中却暗藏杀机，藏在叶片背面的腺毛竟是致命的"杀手"！捕虫堇的形体很优雅，在叶片、花茎和花瓣背面有短短的腺毛，这些腺毛的顶端能分泌黏液，并且能散发出一种诱惑猎物的气味。当猎物被黏液粘住时，挣扎的动作会刺激叶片表面另一种腺体分泌出消化酶，将猎物溶解成营养液并吸收。到最后，猎物只剩下很少的残渣。

"为什么要食虫呢？""它们不是具有叶绿色，完全可以光合自养的么？"是的，我也曾经有过类似的疑问，而且这是很多人都会问的问题。或许，问题答案还得回到它们生长的原生生境去寻找。

食虫植物的原始生境多是十分贫瘠的溪边、沼泽或滴水石壁，缺少了植物生长所必需的氮素营养。所以，有一部分植物的叶片发生变异，各自产生特殊的"捕虫设备"，捕获"失足"的猎物，将其蛋白质分解为可以吸收的氮素营养，供自身生长发育所用。不同于动物四处寻找和捕获猎物，它们采用"挖陷阱"的方式来达到目的。于是，懒惰的植物猎手就出现了。

目前地球上的食肉植物有13科20属600多种，绝大多数都隶属于猪笼草科、茅膏菜科和狸藻科三个科。

绝大多数食虫植物仅仅只是取食一些体型较小的昆虫之类，但在童话故事中常常被文学家们夸大渲染成食人植物。

相较于"懒惰之极"的寄生植物，食虫植
物更值得赞美。生活在贫瘠的生境，猪笼
草、瓶子草、捕蝇草、茅膏菜、捕虫堇等
食虫植物叶片发生各种变异，引诱和捕食
昆虫，分解其蛋白质为可吸收的氮素营养，
供自身生长所需。

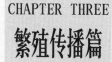

CHAPTER THREE

繁殖传播篇

我不相信，

没有种子的地方，会有植物破土而出，

然而我对种子怀有大信心。

如能相信，

你有一粒种子，

我就期待奇迹的横空出世。

——梭罗《种子的信仰》

当植物生长至一定阶段，光照、温度达到一定要求时，植物体便进入了另一个重要的阶段——生殖生长阶段。

动物通过生儿育女来延续香火，植物则通过孢子散播或开花结果散播种子来繁衍后代。为了保证家族基因能代代相传，植物经过亿万年的进化历程，先后出现了古老的孢子繁殖、快速高效的无性繁殖，以及缤纷浪漫的有性繁殖。

花、果实和种子是种子植物用来传宗接代的繁殖器官，自从晚侏罗纪时代第一朵花的闪亮登场，世间万物似乎顿然失色，唯有花在枝头招摇。

由于固着生长的特性，植物只能借助外力实现花粉传递从而形成丰富多彩的"传粉综合征"，并千方百计散播自己的种子……

海带上的污斑

从记事起，我就很喜欢吃海带。味道鲜美，口感爽滑，带着一股大海的气息，无论是凉拌海带丝、海带排骨汤还是海带结炖猪蹄，都是难忘的味道。

小时候常跟在妈妈后面去市场上买海带，会很仔细地帮妈妈挑选好的海带。那些带片较宽、肉质厚嫩、色泽亮丽的海带是我所青睐的，而带片上附着的深褐色的"斑污"自然是我眼里的"污秽之物"，也因此被我弃而远之。即使不小心买到了，也会想尽办法把它们刮得干干净净。

许多年后，我才知道海带带片上凸起的"污斑"竟然是它们生命历程中必不可少的一部分，是个体繁殖时的"大功臣"。取丁点儿海带褐斑状物放在显微镜下观察，才知道它们并不是一团无组织的"乱泥"，而是由无数呈棒状的孢子囊组成，十分有序。

孢子囊究竟为何物？原来，它们是海带繁殖期间的"育婴房"，无数游动的孢子将在里面孕育。因为海带是一种真核藻类，一生中从不开花结果，而是以孢子进行繁殖，是孢子植物（旧称隐花植物）的一员。它们生长在亚洲东北部低温海水中，每到适宜季节，便在带片上分化产生孢子囊，孢子囊成熟后释放出具鞭毛的孢子，孢子进一步发育分别产生精子和卵，一旦两者结合，便发育产生新的海带幼体。

　　真核藻类大约在14亿～15亿年前就已在地球上出现，能进行光合自养，是水体中最主要的初级生产者，但它们没有根、茎、叶的分化，也没有明显的组织分化，在植物进化树上属于基部类群。真核藻类这个庞大的家族，经历了坎坷的发展历程，植物外在形态从最简单的单细胞、团体、丝状体到细胞开始分化形成相对复杂的结构，植物繁殖也从简单的细胞分裂、藻体断裂，逐渐进化出复杂的有性生殖，数万种真核藻类在不断进化中存活了下来。

　　在现存真核藻类中，海带代表了较为高级的植物类群，其生活史中开始出现两种不同的植物体，即发达的孢子体（食用部分）和只有十几个细胞组成的配子体。

　　紫菜蛋汤的味道应该不陌生吧？生活中人们经常食用的紫菜也是一种真核藻类，又名甘紫菜，属于红藻门。与海带相反，甘紫菜食用部分是其发达的配子体，其孢子体却十分简单而短暂。

　　相对而言，无论孢子世代占优势的海带，还是配子体世代占优势的甘紫菜，都已经位于真核藻类进化树的顶端。历经数亿年的进化，它们始终没能跨出水生环境的限制，成为植物进化树上的一个分枝。

　　海带和甘紫菜的美味受到人类的青睐，成为人们餐桌上的常客，大量的人工种植使得它们成功地存活下来，并大量繁衍开来。如今中国已成为世界上最大的海带和甘紫菜生产国。美国作家迈克尔·波伦（Michael Pollan）在《植物的欲望》中所说，"植物的驯化史事实上就是以满足人类的种种欲望来达到它们自己遗传学上的繁殖扩充之欲望的历史"，在植物进化史上，海带和紫菜利用自身的美味"吸引"人类帮助扩繁，算不算是一种成功的进化策略呢？

　　在自然界中，不开花结果的孢子植物有很多。除了这些真核藻类外，苔藓、石松类以及蕨类植物也都以孢子来繁殖，甚至已被植物界

"开除"的真菌也是以孢子来繁殖。由此可推测，孢子植物在种子植物出现前数亿年间的"江湖地位"曾经是多么的"辉煌"！直到大约1.62亿年前，花第一次出现在地球之上，孢子才"退位让贤"。

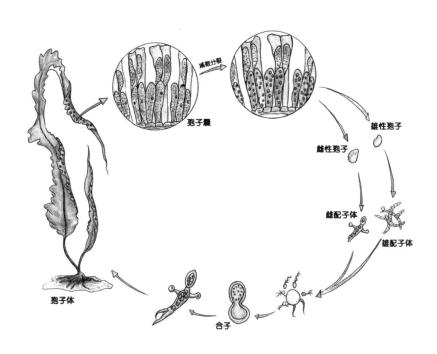

成熟海带上常常生长着许多孢子囊，用镊子挑取少许，在显微镜下观察，发现孢子呈棒状，中间夹着长长的隔丝，隔丝尖端有透明的胶质冠，排列十分有序。孢子囊成熟后释放出具鞭毛的孢子，孢子进一步发育分别产生精子和卵，两者结合发育产生新的海带幼体。

植物王国的小矮人

初春时节，气温回暖，漫步公园，无比惬意。

放眼望去，远远可见一块块金黄的绒毯镶嵌在开始返绿的草坪上，在阳光的照耀下特别显眼。走近蹲下来，细心的人们便会发现草坪上贴地匍匐生长着许多与众不同的植物。纵横交错的迷你"茎枝"丛中，挺立着无数橘红色的细枝，一群"仙鹤"在上头或窃窃私语，或引吭高歌，成为初春草坪上一道靓丽的迷你风景。

它们便是来自苔藓王国的细叶小羽藓。这种植物体型极小，植株纤细，茎匍匐生长，呈现羽状分枝。经过寒冬的孕育，细叶小羽藓会长出约3厘米高的橘红色蒴柄。发育过程中，蒴柄顶端的长椭圆形孢蒴逐渐饱满起来，前端白色膜质的蒴帽犹如鸟儿长长的喙一般可爱。等到成熟了，孢蒴强烈鼓胀起来，蒴帽便脱落，一旦气候干燥，蒴齿便张开，将孢子弹出，借助风的力量散播出去，去开辟新的领地。

然而，对于几乎紧贴地面生长的低矮苔藓来说，周围的空气流动并不是很强烈。如果沿直线路径向上投射出一个小而轻的孢子到空中的话，估计孢子所达到的高度仅为几厘米，因此孢子很容易会落回苔藓已经占据的生长区域内。

据科学家估计，为了扩大生长区域，更远地散播孢子，细叶小羽藓孢子必须要被弹射到距地面至少10厘米的高度，才能借助空气流动来散播得更远。因此，它们除了借助自身孢蒴内外的压力差和蒴齿的弹力外，还力图寻找着另外的办法。

2010年，科学家在对泥炭藓的观察中使用特殊的拍摄技术，竟然拍摄到泥炭藓孢子的"微观蘑菇云"景象。泥炭藓孢子在强大的压力作用下，从被囊中破壁而出，快速飞向空中并形成呈甜面圈形的涡环。如同水母在水中游动时会产生的"蘑菇云"，这种涡环能够产生持续向上的推动力，把泥炭藓的孢子推到空中最高11.6厘米的高度，然后孢子借助风力传播更远的地方，完成繁衍后代的任务。

"苔痕上阶绿，草色入帘青。"苔藓群体微小而不起眼，一不留神，便被踩在脚下。如果留意关注这些小小的生命，便会发现原来草坪、岩石、树干甚至树叶上等到处都有，形态各样，种类极为丰富，只要没有太多人为的干扰和破坏，它们便散布开来，分布十分广泛。

全世界有苔藓约23 000多种，是植物界的第二大家族，也是高等植物中最原始的类群，是植物界从水生向陆生过渡的代表类群。

如同海带等真核藻类，苔藓植物一生中也不开花结果，而是通过产生孢子来繁殖。相较于水生的藻类植物，苔藓植物在进化的道路上向前迈出了一大步，开始向陆地进军，并且产生颈卵器和精子器，由多个不育细胞共同保护精子和卵，提高了陆生条件下繁殖的成功率。

然而，相较于石松、蕨类以及种子植物，苔藓的局限性依旧十分明显。不仅生活史中以配子体占优势，孢子体只能寄生在配子体上，而且其配子体结构十分简单，虽然有了拟根茎叶的分化，但仅由几个细胞组成的根还不具有吸收功能；茎中也没有维管组织的分化，水分的运输仅仅靠细胞之间的渗透；它们的叶片多由单层细胞组成，水分和养分的吸收多由叶片直接完成，因此，没有真正的根、茎、叶的分化，导致绝大多数苔藓长不高大，成为植物王国里的小矮人。此外，它们的受精过程依然离不开水，绝大多数苔藓生长在阴湿之地，常常被当成人们踩踏滑倒时的"罪魁祸首"。

苔藓植物生存能力极强，能快速调整体内的水分以适应环境，能够在其他植物不能"立足"的岩石表面生存，与地衣一起成为两极或高山裸露岩石表面的先锋生物。它们分泌酸性物质，促进岩石的分解和土壤的形成，在自然生态系统演替中扮演着重要的角色。

另外，苔藓形态结构简单，叶细胞多为单层，且表面没有角质层和蜡质层，能直接吸收空气中的水分。一旦空气或者环境受到污染，它们的叶细胞就会受损而表现出枯黄或死亡症状，因此常被用于环境污染监测中起着很重要的作用。

目前所知，最古老的苔藓植物化石是发现于美国纽约4亿年前上泥盆纪地层的古带叶苔。据推测，大约4.5亿年前的奥陶纪末期，淡水中生长的某种轮藻（属绿藻门）最先登陆，开始向苔藓植物演化。

然而，没有证据显示现存石松类、蕨类植物的某个祖先是由某种苔藓植物演化而来的，因此，在植物系统演化树上，苔藓植物成为一个盲枝，没有发现再进一步进化形成其他类群。

细叶小羽藓

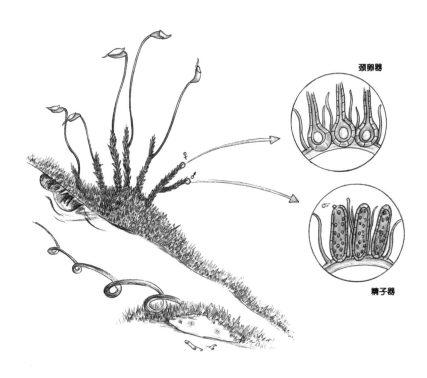

颈卵器

精子器

细叶小羽藓繁殖时茎枝顶端会分化产生颈卵器和精子器，精子和卵结合，在小枝顶端萌发长出约3厘米高的橘红色蒴柄，孢蒴成熟后会将孢子弹出，借助风散播出去。

蕨叶背后的故事

二十年前认识了身边的他，从此便与蕨类植物结下了不解之缘。

他问："提起蕨类植物，你首先想到的是什么？"

我不假思索地回答："《侏罗纪公园》以及恐龙身后高大的树蕨……"

"才不是呢，是那些螺旋状的棒棒糖，嘻嘻……"女儿也凑过来。

……

蕨类是一个具有悠久历史的家族，所有的蕨类植物都具有拳卷状的幼叶。最早的蕨类化石和分子钟证据显示，早在3.6亿年前就已经出现古老的蕨类，然而现存的蕨类植物却是1亿多年前的白垩纪有花植物兴起后适应新的生境而爆发的。只是有的种类，如生活在潮湿之地的紫萁属植物，数亿年来其基因组几乎没有多少变化，依然保留着数亿年前古老的特征。成千上万种的蕨类植物遍布全球，繁荣了整个生命世界。

蕨类植物的叶片十分复杂多样，有单叶的，分叉的，一回羽叶的，一回羽裂的，二回羽叶的，二回羽裂的，三回羽叶的以及三回羽裂的……但就繁殖生物学意义来说就分两种，一种是营养叶，只进行光合作用，不产生孢子；另一种是生殖叶，有时称为孢子叶，能产生孢子，且孢子囊聚集一起形成孢子囊群。有的蕨类植物的生殖叶与营养叶形态上相似，叶背会分化形成孢子囊；也有的种类（如毛蕨科、藤蕨科等）的叶异形，生殖叶往往比营养叶狭窄很多，高高耸出。

每每在野外看到蕨类植物，总是习惯性地把叶片翻过来，去寻找叶背后那些更为神奇的孢子囊群（呵呵，密集恐惧症的人估计会晕眩）。乍一看蕨类形态都差不多，仔细观察才发现，其中的玄机还挺多。

蕨类植物不开花结果，以孢子进行繁殖。在成熟的蕨叶背面，可以看到一个个充满孢子的小囊，形如极其细小的用于播种的生命之舟，外面环绕着一排叫作环带的细胞，在显微镜下，看似一个盘卷的蠕虫。孢子成熟后囊体变得干燥，环带细胞便以一种类似于弹弓工作的方式扣住孢子并向前发射。研究显示，蕨类发射孢子时，"无弦之弓"弹射器关闭的时机非常精准，使得蕨类能够以高速发射它们的孢子。一旦进入空中，风和气流可携带这些孢子周游世界。

正是由于蕨类如此完美的孢子弹射机制，长期以来，人们普遍认为蕨类植物的孢子是通过风力等非生物因素进行长距离传播，昆虫一般不会取食蕨类，孢子传播也与昆虫关系不大。

然而，事实并非如此。随着研究人员探索的脚步，昆虫啃食孢子，并形成拟态来保护自己不被发现，顺便传播孢子这一真相逐渐浮出水面。

在石灰岩山地的石缝或林缘，凤尾蕨属植物较为常见。翻开凤尾蕨成熟叶片的背面，会看到线形的孢子囊群沿叶片边缘分布，幼嫩时为淡绿色，成熟后呈黄褐色。植物学家野外考察过程中，在溪边凤尾蕨孢子囊群尚未成熟的叶背，惊奇地发现几条线形的叶蜂科幼虫在取食叶片和孢子囊群！而且，幼虫淡绿色，半透明，与凤尾蕨孢子囊群的颜色一致。随着孢子囊群的趋近成熟，叶蜂科幼虫的形态和体色

溪边凤尾蕨

蜈蚣草

友水龙骨

也随之发生相应变化。

蜈蚣草则喜欢生活在石灰岩地区干旱的石缝中，孢子囊群线形，沿羽片边缘生长，羽片边缘反卷将孢子囊群保护起来免受破坏。但事实上，蜈蚣草线形的孢子囊常被昆虫破坏殆尽，有夜蛾科的幼虫专门取食假囊群盖里油亮油亮的孢子，甚至在有大量孢子的地方吐丝结网把自己藏起来，与蜈蚣草成熟的孢子囊群极为相似，乍一看真的难以辨别开来！这样昆虫不仅有效地避开了天敌，还为取食成熟的蕨类孢子提供了便利。而不远处，几只跳蛛正用前肢努力扒开假囊群盖，在寻找猎物……一场伪装与侦察大战正在上演！

植物学家还在另一种蕨类植物——友水龙骨的叶片上发现了一种奇特的夜蛾幼虫，能根据孢子囊群的形态和叶片颜色的变化，动态改变自身的斑点。当友水龙骨叶背呈绿色，圆形孢子囊群呈红褐色时，草绿色的幼虫背面呈现着红褐色的圆点；当幼虫取食叶片后，叶片变为深褐色，这时绿色幼虫体表的斑点连成一片，颇似枯萎的叶片，十分有趣。

如同有花植物的传粉一样，昆虫取食蕨类，打破了孢子囊群盖的束缚，有助于孢子散播。而且，昆虫模拟孢子囊群以逃避天敌，形似昆虫的孢子囊群也在一定程度上吸引捕食者前来，并顺便带走部分孢子。总之，这些昆虫的活动、对孢子囊群的破坏、吸引捕食者的来访和捕食都将直接或间接协助孢子散播。

自蕨类植物开始出现并蓬勃发展时，蕨类植物和昆虫已经在地球上共存了3亿多年。在被子植物繁盛之前，蕨类植物是昆虫的主要食物来源，两者在长期的协同进化中形成一定的默契，共同向前发展。

早期的蕨类植物是没有孢子囊群盖保护的，正是有了昆虫的取食和破坏，孢子囊群盖才应运而生。然而，孢子囊群盖为孢子囊提供保护的同时，也为寄生性的昆虫提供了庇护。那么，现存处于演化顶端的蕨类植物是否又会抛弃了重重的囊壳呢？蕨类植物发展之路将会伸向何方？……

留给人们的是无限的遐想！

很长一段时间，人们以为昆虫不会取食蕨类，但研究人员先后在蜈蚣草、短肠蕨、友水龙骨以及溪边凤尾蕨等蕨类植物的叶背发现：昆虫不仅啃食蕨类孢子囊，而且还会模拟孢子囊形态保护自己，试图躲避被捕食。

花枝招展的世界

温暖的五月，绚丽多彩的世界。

一个初夏的午后，独自来到了户外那片无人耕种的"荒野"。无数"撑着白伞"的一年蓬在风中摇曳，鸭跖草翠绿的叶片中伸出聚伞花序，两片蓝色的花瓣特别显眼；蹲下身来，遍地可见铜钱般大小贴地生长的天胡荽，斑地锦伸展着无数迷你的杯状聚伞花序；蜜蜂在嗡嗡作响，蝴蝶在花丛中翩翩起舞，忙碌其间……令人目不暇接！

纵观一亿多年来花的进化历史，色彩、大小、形状和结构不断变异，经过长期的自然选择和适应，形成了千姿百态、绚丽多彩的花花世界。

世界上现存有近30万种有花植物（即被子植物），从花朵仅针尖般大小的芜萍到花直径达1米以上的大王花，从芬芳浓郁的茉莉花到散发腐臭味的巨魔芋，从花瓣整齐的梅花到花瓣极其特化的豌豆花等等，无一不彰显自然界极其丰富的花的多样性。

自然界的花无论怎样千变万化，归根到底都是为了一个共同的目的——传粉和受精，以产出更多的后代。当花粉成熟时，植物需要借助外力，将花粉传送给同一朵或另一朵花的柱头上。

植物的传粉媒介有两大类：非生物的媒介（如风和水）和生物媒介（如蜂类、蛾类、蝶类、蝇类、鸟类等）。花儿们为了更有效地完成传粉，常常还会通过花色、花冠形状、气味等性状吸引传粉者。

一年蓬

鸭跖草

黄金菊

一般说来，依靠风媒和水媒传粉的花多没有鲜艳的颜色、芳香的气味和蜜腺，花小而不明显，雄蕊伸出花瓣外，花粉粒小而轻，数量多，外壁光滑干燥，便于被风吹散；花丝和花柱都比较细长，受到风吹容易摆动，柱头大而分枝呈羽毛状，便于捕捉花粉粒；有些柱头会分泌黏液，以便黏住飞来的花粉。玉米等绝大多数禾本科植物、垂柳等绝大多数柔荑花序类植物的花都是风媒花。

在所有非生物传粉的植物中仅约有2%是依靠水媒传粉，水沿着与风向大致一致的方向运输着花粉粒，如苦草属植物。但是这种传粉是不精准的，花粉粒借助风或水散播开来，恰巧落在同种植物另一朵花的柱头上的概率很小，往往大量的花粉粒被浪费掉了。

约有80%的有花植物依靠动物传粉。据估计，世界上至少有10万种动物在为25万种的植物传粉。绝大多数传粉动物为昆虫，但有1 500种鸟类和哺乳类被报道访问过植物的花朵，并为之传粉。除了鸟类和蝙蝠外，狐猴、松鼠、负鼠等也参与传粉。

虫媒花与传粉昆虫之间相互需求共同演化，表现出了一系列的适应特征。昆虫传粉的花一般花冠大并颜色鲜明，散发出迷人的芬芳，来招引昆虫，而且花粉粒较大，外壁粗糙，富有黏性，容易黏附在昆虫身体上，有的花朵甚至还献出花蜜作为昆虫传播花粉的酬劳。能传粉的昆虫有蜜蜂、胡蜂、蝇、甲虫等，油菜、桃、杏等绝大多数被子植物的花是昆虫传粉。昆虫们越来越依赖花蜜，于是花开遍野，昆虫飞舞。

蝴蝶是传粉昆虫中最常见的代表，蝴蝶传粉的花一般呈现粉色或紫色，通常会散发香味，花瓣上常常有着落区。因为蝴蝶并不吸食花粉，因此这类花常常分泌更多的花蜜，且花蜜通常隐藏在窄窄的管内，需要蝴蝶长长的喙部才能享用。

鸟媒传粉的花大多具有大量花蜜，而且花朵红色，比如蜂鸟会吸食垂枝红千层、艳红蝎尾蕉等植物的花蜜。科学家发现，艳红蝎尾蕉甚至还狡猾地控制花蜜的生产量，迫使蜂鸟再三回来吸食，每一次都会使鸟喙和羽毛上粘上花粉。天蛾与蜂鸟的行为很相似，它们大多数夜间行动，借助快速扇动的翅膀停留在花的前面，因此蛾类传粉的花大多夜间开放，具有冠状花冠，白色，引人注目，并且在夜间或清晨散发出浓郁的甜香气。

蝙蝠传粉的花朵也夜间开放，一般大而显眼，白色或浅色，常常呈现钟形，有着较大的花粉粒，并散发着强烈的气味。植物为了吸引蝙蝠传粉还进化出奇特的结构，反射超声波召唤蝙蝠。蝙蝠吸食花蜜，植物们提供花蜜一般会持续一段时间。蝙蝠的视觉、嗅觉和回声定位能用于初步定位，使得蝙蝠能准确找到分泌花蜜的花朵，而且蝙蝠极强的空间记忆使之能重复访问同一朵花。

小贴士

"植物花朵为了适应花粉传播的不同途径，在长期的自然选择中进化出的一系列综合特征，即传粉综合征，这些特征包括形状、大小、颜色、气味、回报方式和数量、花蜜成分、开花时间等。"19世纪，意大利植物学家德尔皮诺（Federico Delpino）对于传粉综合征给予了定义。

荨麻属等部分风媒传粉植物的花中还有退化残留的蜜腺，甚至具有香味。科学家由此推断：虫媒传粉为相对原始的类型，风媒传粉是后来才出现的次生类型。需要说明的是，有些植物同时采用风媒传粉和虫媒传粉两种形式，如车前草以风媒传粉为主，但同时也被昆虫光顾。

传粉只是植物成功繁衍的第一步。当花粉成功落在同种植物花的柱头上，经过柱头亲和力的识别和接受，便开始萌发，产生花粉管，伸入子房内完成受精，并进一步产生种子。

自然界的花儿们千姿百态，绚丽多彩。在长期的进化中，不同种的花儿形成不同的形态特征，以分别适应风媒、虫媒、水媒等多种不同的传粉方式，完成受精，以繁殖更多的后代。

大自然的揽客之道

无意间看到意大利摄影师的一张图，鲜红的"双唇"中伸出几朵精致的小花，妖娆之余，极具诱惑力，令人浮想联翩。

原来，这种植物来自中美洲的热带丛林，它有个跟花的长相非常贴切的俗名——热唇草，原名绒毛头九节，为茜草科头九节属的家族成员。

热唇草的花朵淡黄色，十分迷你，往往数朵聚生在两瓣鲜润的"红唇"中间。

这两片红嘟嘟的"嘴唇"是植物的花瓣么？我仔细地观察，发现它们其实只是护卫着花朵的特殊叶片——一种变态的苞叶，长在花朵的周围，对花朵或果实起着保护的作用。不同于大多数植物绿色的苞叶，热唇草鲜红色的苞叶除了有保护作用，它鲜艳的色泽还可以吸引蜂鸟来传粉。热唇草的花中没有花蜜，吸引动物来传粉可全靠这对美丽的红唇啦！

一般说来，自然界中，依靠昆虫传粉的植物多具有大而色泽艳丽的花瓣、香甜的花粉和蜜腺等共性，鲜艳的花瓣犹如醒目的广告牌，在绿叶丛中特别抢眼，起着招蜂引蝶的作用。一到时节，它们便争先恐后地向大家伙宣告："我的花儿开了，快来吧！"蜂儿、鸟儿等动物们纷纷前往，采食花蜜和花粉时顺便帮花儿完成异花授粉。

花萼是位于花冠外面的绿色被片，在花朵尚未开放时，起着保护

一品红

花蕾的作用，花开时则托着花冠，助力花瓣吸引昆虫传粉。有的植物花萼和花瓣不分家，如百合的花被片两轮，大而亮丽，形态完全相同，共同吸引着昆虫传粉。

而有的植物，花萼主动扛起招蜂引蝶的"大旗"，不仅显著增大，而且颜色十分鲜艳。比如玉叶金花属的植物，由于花瓣较小而黄色，全部或其中一枚花萼则增大成雪白色的叶片状，在绿叶丛中分外显眼，"白纸扇""玉叶金花"之名也由此而来。与此相似，乌头、白头翁等植物的花瓣也不起眼，完全依赖增大的蓝紫色花萼来吸引昆虫。

八仙花是一种很受公众欢迎的观赏植物，一束束超大醒目的"花朵"在枝顶绽放，或粉色，或红色，或蓝色，令人目不暇接。走近了

小贴士

　　珙桐学名为 *Davidia involucrata*，以发现者戴维"David"的姓氏命名为珙桐的属名"*Davidia*"，而种加词"*involucrata*"则代表着"几朵花被总苞包裹着"的意思。

看才发现，那是很多花聚生成的聚伞花序，抢眼的"花瓣"其实是由周围少数不育花的花萼增大而来，专门负责吸引访花昆虫，真正的花瓣和花蕊极不显眼，甚至退化；而花序中间可育的小花，花萼并不增大，仅看见几枚不显眼的齿状萼片。通过周围少数花朵的"招牌"策略招揽传粉者，这种"牺牲小我，成全大我"的广告策略可以降低传粉的平均成本。

　　对于那些花萼和花瓣都很小甚至退化的植物来说，如果吸引不到昆虫传粉，繁衍后代就成了问题。它们试着另辟蹊径，多朵小花有序聚生在一起，集体"租用"同一个"广告牌"。热唇草便是如此，靠近花序基部的叶片也参与了招蜂引蝶的行列，变成大而显著的苞叶。

　　1869年，法国传教士、博物学家戴维神父（J. P. Armand David，中文名谭微道）在中国西南山地首次发现了一种飘逸着"白花"的植物——珙桐，这是中国特有的珍稀濒危植物，俗称鸽子树。这种植物极为奇特，真正的花瓣完全退化，数朵小花组成一个头状花序，花开放之时，花序外面的两枚绿色总苞变成黄白色，十分显眼，犹如张开的翅膀，招揽着过往的昆虫。科学家发现，珙桐白色"翅膀"还扮演着雨伞的作用，保护珙桐脆弱的花粉不受雨水的伤害。更有趣的是，科学家用纸质的"假货"代替白色的总苞后，居然也能起到揽客的效果。

细数自然界的植物，很多其他植物为了达到吸引昆虫传粉的效果，也采用同样的策略。比如蕺菜（别名鱼腥草）的穗状花序基部有4片白色花瓣状的苞叶；一品红（别名圣诞花）聚伞花序基部叶片变态为朱红色的苞叶，大而显著，簇拥着中间无数迷你的聚伞花序，远看犹如一朵盛开的花朵；魔芋等天南星科植物肉穗花序的基部具有色彩鲜艳的佛焰苞等等，这样的例子不胜枚举。

在长期的演化中，很多系统发育距离遥远的植物都不约而同地采用相似的适应策略，称为趋同进化。植物靠着鲜艳的花瓣、花萼或者花序基部总苞的变异来吸引昆虫的来访和传粉，在繁衍中显示出竞争优势，使得该性状得以在后代中得到传承。

虫媒传粉的花朵一般具有艳丽的色彩。鱼腥草、一品红、热唇草等植物花朵太小而不起眼，进化中采用"小花群居且集体租用广告牌"的策略，花序基部的叶片变态为鲜艳的苞叶，远看犹如一朵巨大的花儿，吸引着昆虫的注意。

来自老虎须的困惑

　　2016年5月的某天，即将下班的时间。电话铃声响起，传来温室负责人老杨的声音，"温室新展示了一个好宝贝！""老虎须！"一种曾经听说过的植物，久仰大名却无缘见面！

　　好兴奋！我迫不及待地赶往展览温室珍奇植物馆，终于见到了它——老虎须！只见翠绿的叶片从中伸出了无数张龇牙咧嘴的老虎面孔，加上其独具特色的晦暗颜色，乍一看，不禁让人感到"毛骨悚然"，尽管略有心理准备，但还是被"吓"了一跳。仔细观察，整个花序紫黑色，两片发达的大苞片垂直向上，小苞片丝状形如飘逸的胡须，无数小花向下扇形排列，看上去就活脱一张老虎脸！

　　"老虎须"这个名字是人们根据其花序的形态起的"绰号"，相较于《中国植物志》记录的"箭根薯"这一名称，我更喜欢"老虎须"

小贴士

　　箭根薯（*Tacca chantrieri*），俗称老虎须，为蒟蒻薯科的一种草本植物，而《中国植物志》中的老虎须（*Tylophora arenicola*）指的是萝藦科的一种藤状灌木。植物中文名同名异物现象时常有，可一定要注意学名的差异哦！

这个俗称。

老虎须的花序形态奇特，又被称作"蝙蝠花"或"魔鬼花"，解剖它的花，可见其内部结构弯弯曲曲犹如一个迷宫。像谜一样的花序，相信会让每一个邂逅它的人感到诧异并为之浮想联翩。

一般说来，大多数植物的花会借助各种途径吸引动物为它传粉。然而，老虎须的花色彩暗淡、没有香气、不分泌"诱人"的花蜜，就连产生的花粉也少得可怜，无论如何也吸引不了传粉动物们。

难道它们会释放一种我们无法嗅到的腐烂有机物的气味，以吸引热带雨林下面的各种苍蝇，进入它那狭窄迂回、迷宫一样的花冠里面为其进行传粉？为证明这个猜想，科学家们先后把老虎须的"胡须"和大苞片去掉，甚至用纱网袋将整个花序套住，再观察它们的结果率和结籽率，通过比对，竟然发现没有明显的下降。最后，科学家们采用分子标记的方法，才发现老虎须竟然绝大多数是自花授粉！

看来，那些夸张的大苞片和胡须状的小苞片是于吸引传粉动物无用的了？德国哲学家康德曾经说过，"在一个有机的自然产物中，没有东西是无用的，是没有目的的"。那么，老虎须的花形似乎便成了康德眼中的"梗"。

老虎须所在的家族蒟蒻薯属，花序大多具有奇异的大苞片和须状的小苞片，大多原产东南亚，生于热带雨林下层弱光条件下。在阳光本身就很宝贵的前提下，为何要"辛辛苦苦"日积月累形成这样的结构呢？它夸张的形态和"唬人"的结构究竟作何用，难道是用来威胁来犯的天敌吗？我坚信，植物们在长期适应进化中逐步形成的形态结构，绝不可能只是巧合。科学家们还在不断努力探索中，但只是到目前为止，仍然是一个待解的谜！

近在咫尺，我仔细地端详着它，充满了疑惑，它却高傲地挺立着，竟然无视我的存在。或许，只有被揭开面纱的那一天，它才肯露出娇羞的笑靥吧。

蒟蒻薯科的草本植物箭根薯，因花序形似老虎面孔而俗称为"老虎须"。花序色彩暗淡，没有香气，也不分泌"诱人"的花蜜，其内部结构弯弯曲曲犹如一个迷宫。

鼠尾草也懂杠杆

"给我一个支点，我就可以撬动地球！"古希腊物理学家阿基米德曾经发出这样的豪言壮语。

他发现了杠杆原理，认为只要能够取得适当的杠杆长度，任何重量都可以用很小的力量举起来。并且运用这一原理制造出了很多的机械，而享有"力学之父"的美誉。

当人们惊叹于阿基米德的这一伟大发现时，殊不知早在几百万年前，自然界中其貌不扬的鼠尾草就已经熟练地运用了杠杆原理。

鼠尾草为虫媒传粉植物，不仅具有花色鲜艳、有花蜜、花粉粒表面粗糙等虫媒植物的典型特征，而且花萼和花冠还合生成筒形，冠檐二唇形，下唇平展如迷你"停机坪"，为传粉的蜂类提供落脚之地。

最为独特的是，鼠尾草为了提高传粉效率，在长期的进化和适应过程中形成了杠杆状雄蕊结构。雄蕊由花药和花丝组成，两者呈丁字形，花药隔横架于花丝顶端，形成天然的杠杆，四个花粉囊两两成对位于杠杆的两臂，中间的药隔与支点（即花丝顶端）相连，杠杆上臂顶点的两个花粉囊发达，下臂顶端的两个花粉囊退化。

当蜜蜂被香喷喷的花蜜所诱惑，进入花朵内采蜜时，必然触动杠杆的下臂，从而引发上臂向下弯曲，顶端的花药开裂，花粉正好洒落在蜜蜂毛茸茸的背上。而此时的雌蕊还没有成熟，有效地避免了自花授粉。当蜜蜂享受完香甜的蜜抹着嘴巴离开时，背上已经布满了

深蓝鼠尾草

花粉。

　　与此同时，附近另一朵花的雌蕊已经成熟，在花内俯身并伸展开来，巧妙地挡在入口。当背负前一朵花花粉的蜜蜂前来采蜜时，背部的花粉便与雌蕊的柱头来了个"亲密接触"，异花传粉顺利完成。

　　研究人员在研究圆苞鼠尾草的传粉时发现，如果剪除它的杠杆状雄蕊的下臂，使杠杆功能失效，尽管传粉通道上的障碍减少，蜜蜂更容易获取花冠筒基部的花蜜，但前来采蜜的蜜蜂数量却显著下降。由此推测，在长期互作进化过程中，鼠尾草杠杆状的雄蕊与访花的传粉者形成一定"共识"，一旦花型和雄蕊结构突然改变，传粉者对花的认知受到干扰，会减少访问花朵的频次，从而导致传粉效率降低。

　　从进化的角度看，传粉昆虫的进化方向是力图通过最经济的方式获取最大的回报，而被传粉植物的进化动力则是通过最低的代价，尽可能提高其异交率和繁殖成功率。产生花蜜是虫媒植物吸引昆虫传粉的最主要方式，也是不得不付出的代价。为提高传粉的效率并减少过多生产花粉的能量消耗，鼠尾草属植物在千万遍的尝试与进化中，巧妙地形成了这个高效利用花粉的杠杆，让传粉蜂乐此不疲地为它效劳，或许这也是该类植物能够广泛存在的主要原因吧。

　　鼠尾草属是唇形科最大的属之一，全世界约有1 000种，广布于热带或温带。东亚分布的鼠尾草属植物如常见的丹参、南丹参、一串红等，最典型的特征就是具有这种杠杆状雄蕊结构，以蜜蜂或熊蜂来

紫绒鼠尾草

传粉。同一地区的鼠尾草植物通过花期错开或者传粉者传粉部位的不同来避免杂交，从而形成丰富的物种多样性。而美洲分布的鼠尾草属植物则与东亚的种类略有差别，主要靠鸟类来传粉。

鼠尾草"杠杆"设计的成功也离不开其雄蕊和雌蕊先后成熟的策略，这大大降低了鼠尾草自花授粉的可能性。自然界中绝大多数有花植物都采用异花授粉，以提高后代适应环境的能力，只有少量植物才会自花授粉（即雌雄蕊生长在同一朵花内，雄蕊的花粉粒落到同一朵花雌蕊柱头上），比如落花生、小麦等就是自花授粉植物。

异花授粉植物中，有的是雌蕊和雄蕊分开在同一植株的不同花内或不同的植株上（如杨梅就有雌株和雄株之分），有的是雌蕊和雄蕊先后成熟。例如蜜源植物柳兰，尽管花为两性，但雄蕊先成熟，雌蕊后成熟，即一朵花的花粉囊开裂散出花粉时，雌蕊的柱头还没伸出，而当柱头伸出来准备接受花粉时，这朵花的雄蕊已经萎蔫，通过时间差有效地避免了自花授粉。还有的植物通过花柱的弯曲运动来避免自花授粉，如姜科山姜属和砂仁属植物。

更有趣的是，竟然有些植物能在不同时期开不同类型的花。比如一些堇菜属的植物，春天开的花有花瓣，吸引昆虫进行异花传粉；夏天和秋天开的花没有花瓣，雄蕊数量少而且紧贴在柱头上，这样的花不会开放，完全用于自花授粉，这类不开放的花称为闭锁花。有些植物竟然有"双保险"，如两型豆属，既有色彩鲜艳的蝶形花进行异花授粉，也有花瓣退化的素雅的闭锁花，进行自花授粉。当面临不利环境，开放花"无人问津"时，自花授粉的闭锁花便成为植物"机智"应对环境挑战的一种适应方式。

花是识别有花植物的主要特征之一，踏青赏花之余，不妨静下来，仔细地观察它们，说不定会有惊喜发现哦！

鼠尾草属植物独有的特征是其杠杆状的雄蕊结构。当蜜蜂进入花朵内采蜜时，必然触动杠杆的下臂，从而引发上臂向下弯曲，顶端的花药开裂，花粉洒落在蜜蜂毛茸茸的背上，被蜜蜂带往另一朵花。

疯狂的兰花

2017年4月，河南一村民秦某因回家途中采挖三株野生蕙兰，被判处有期徒刑3年，缓刑3年，并处罚金3 000元。该案被披露后，一时引发无数网友的关注和质疑。且不论相关法院是否量刑太重，村民因为兰花值钱而随意采挖一事已引人深思。

兰花是植物界中最为精美、奇特和多样的植物类群之一。兰花的多样和精致、优美奇绝的形状、变幻莫测的色彩和神秘幽远的香气，令人叹而观止！

每年的春天，新加坡、日本东京以及我国的北京、上海、海南等国内外不少城市都会推出兰花展览，吸引了众多植物爱好者的目光。世界上恐怕难以找到第二个植物类群，能够令数以亿计的不同文化背景、教育层次的人群如此着迷与疯狂追逐了。

世界上的野生兰花有25 000~28 000多种，从喜马拉雅山麓到加里曼丹岛的雨林，都能寻觅到野生兰科植物的踪迹，从马达加斯加岛上比蚊子还小的香马吉斯兰，到墨西哥境内植株可达数米长的香荚兰，兰花开满了热带雨林里每一处它们能够到达的角落，堪称热带绿色生命的霸主。

兰科植物之所以跻身于世界上最庞大的有花植物类群之一，就在于它在长期的进化过程中选择了一组极为特殊而又成功的繁殖策略。

很多兰科植物开出红色的、黄色的、蓝紫色的艳丽花朵，形成一

恩斯特·海克尔（Ernst Haeckel）的兰花画作

个视觉中心吸引昆虫的注意，告诉它们"嗨！来我这里看看吧，可能有你需要的东西哦"！兰花的形态也发生了适应性进化，花瓣两侧对生，中央花瓣变态为特殊的唇瓣，唇瓣因基部扭转而处于下方位置，成为传粉昆虫的"停机坪"，唇瓣基部有囊或距，大多藏有蜜腺，吸引昆虫前来取食；雄蕊和雌蕊完全合生成合蕊柱，位于唇瓣的上方。此外，花粉粒还黏合成花粉块，柱头分泌黏液，粘住掉落在柱头上的花粉块。所有这些特征都为昆虫传粉提供了机会。

虽然不同的兰花形状、大小、颜色、香味千差万别，但是目的却只有一个：用花香吸引昆虫（或蜂鸟）来采蜜，花粉块便粘在它们的身上，完成异花传粉。瞧，在茂密的森林里，一只蜜蜂在特殊的香气吸引下，飞向一朵蝴蝶兰去努力采食花蜜。蜜蜂沿着兰花需要它经过的通道前行，等它再次出来时，含有上万粒花粉的花粉块便背在了它的背上，当它再去访问另外一朵花，背上的花粉囊便被这朵花的柱头粘住，传粉就这样完成了。

生长在热带地区的飘唇兰表现出极大的主动性，当传粉蜜蜂靠近时，它会启动弹射机制，将花粉弹射到蜜蜂身上。在缺乏授粉昆虫的情况下，大根槽舌兰等极少数兰花竟然能够将花粉块自动"运送"到自己的柱头上。

有花植物在新生代的繁盛与其和昆虫的共同进化密切相关，兰花正是这一杰出代表。为了完成花粉的准确传递，兰花在如何成功"搭讪"授粉者方面可谓无所不用其极。几乎每一种兰花都会找到一个或者多个特定的授粉"代理"，每一种兰花的精致结构只为这一种或几种昆虫"量身定做"。

正是这种高度对应的适应与共同进化，使得兰花的生殖策略成为回报率极高、风险可以控制的投资，在演化的道路上诞生了兰科这个年轻而庞大的植物类群。借由"精确传粉，与昆虫共进化"和"广播种子，与真菌结盟"的繁殖策略，兰科植物占领了地球上除两极和极高山之外的所有地方，成功地创造了一个绚丽多姿的王国。而我们所疯狂追逐的兰花的色泽、结构、香气，都是它们演化道路上的副产品。

然而，兰花这些高度特化、适应特殊生长环境的习性，成为它和人类相遇之后灾难开始的主要原因。收藏和采集的癖好，几乎是人类从诞生之初所具有的共性。一般来说，一类东西要成为收藏物往往要满足这么几个特征：足够摄人心魄的美丽；生活中不常见，不容易获得或保存；有足够多的种类来获得满足感等。幸运或是不幸，兰花满足其中的每一点，使得它们成为人们疯狂追逐的对象。

19世纪维多利亚时代的英国极为富庶，大量雇佣"兰花猎人"进入世界的每一个角落去寻找和采集兰花新种。大量的兰花被发现、被掠夺，世界范围内的兰科植物遭遇巨大的破坏。长期人为的采挖和生境破坏逐渐置兰花于万劫不复的境地，从根本上破碎了兰花繁衍的希望。

自然界中，野生兰花对生长环境要求较高，主要依靠种子繁衍，但其种子必须借助真菌的帮助才能萌发，实际萌发率很低。由于观赏、药用价值以及市场的炒作，导致人们对兰花有一种近乎变态的追求。疯狂的采挖之下，野生兰花资源已岌岌可危。保护野生兰花资源，必须从健全保护制度开始。

1973年，以严格管制野生生物贸易为目的的《濒危野生动植物种国际贸易公约》签署时，兰科植物所有物种均被列入公约的附录I，其原生种的国际贸易被严格禁止，这是植物所能达到的最高保护级别。

目前，世界各国越来越重视起来，通过禁止贸易、建保护区以及植物园种质资源保存等各种形式保护野生兰花资源。然而遗憾的是，到目前为止，大多数兰科植物尚未被列入《中国国家重点保护野生植物名录》中，仅只在少数地方法规中明确"不得随意采挖、盗卖野生兰花"，因此也就出现了本文开头"村民采挖蕙兰被量刑"这一事件遭到公众质疑的原因所在。

兰花位于进化树的顶端，具有极其丰富的物种多样性和极其特殊的繁殖策略，吸引着特定的昆虫为之传粉。

猴面兰的忧伤

2016年上海国际兰展上，形态各异的兰花吸引了数十万人的关注，其中一种来自厄瓜多尔的兰花格外受到人们的关注。领带样的叶片丛中成对伸出一朵朵漏斗状花朵，尤为奇怪的是，每一朵花的中间，竟然能清晰地看到一张有鼻子有眼睛的猴子面孔，而且还带着淡淡的忧郁！

它们就是传说中的猴面小龙兰，来自遥远的南美国度厄瓜多尔，原生于海拔一两千米的热带山地雨林，属于小型附生兰。

通常所指的猴面兰，不是一个自然的物种，而是泛指兰科小龙兰属长得像猴脸的所有兰花种类，小龙兰属原产于南美和中美洲，生活环境十分阴暗潮湿。种类十分丰富，约有120多种，大多数种类的花朵看似猴子的面孔，所散发出的气味与成熟的橘子类似。

猴面兰萼片三枚，先端有细长尾尖，花瓣退化，其中两枚长在花朵中心的两侧，颜色深褐色，构成了猴脸的两只"眼睛"，"眼睛"中间有个突起形似"猴鼻"，为猴面兰的合蕊柱。而灵活多样的"猴嘴"则是那枚特化的花瓣——唇瓣，花朵呈黄色，具有各种紫红色斑块或斑点，构成了一幅幅活脱脱的猴脸。不同种类的猴面兰色泽、纹理、花朵形态存在各式各样的差异，犹如孙悟空的七十二变，使得各种猴脸表情各异，极为夸张，有的物种萼片上竟然还长着密密麻麻的毛状突起，使得猴脸的毛发感更为逼真。

鸽子兰

猴面小龙兰

在赞叹自然神奇的同时，人们都很好奇：好好的兰花，为何长成这般猴模猴样？

自然界中，有的动物能够模拟植物及其环境形成各种拟态，以躲避天敌的捕食，如竹节虫、枯叶蝶等。植物界也是如此，不少兰花会"主动"模仿动物以完成欺骗性授粉，比如角蜂眉兰、丽斑兰、蜘蛛兰等。

那么，小龙兰模仿猴子面孔，是为了吸引猴子为之授粉？还是吓退前来啃食的来敌？科学家经过不懈的努力研究，发现猴面兰的花模仿的竟然是自己野生生境中的邻居——一种蘑菇！仔细观察，就会发现，猴面兰的唇瓣如同一个倒扣的蘑菇，内部皱褶类似蘑菇的菌褶，其唇瓣的质地也像蘑菇一样软脆，甚至能挥发出和那种蘑菇的气味，迷惑和吸引一些食腐的昆虫和以蘑菇为食的果蝇前来授粉。果蝇在无意之间碰到猴面兰的花粉块后，顺便将其背上带到下一朵花完成授粉。动物学家甚至还在小龙兰的花上发现很多新的果蝇种类呢！

可是，说到这里，刨根究底的人们还会追问，猴面兰到底跟猴子有什么关系？到目前为止，可以肯定地说，没有关系！

尽管猴在中南美洲分布广泛，但花长成猴脸样纯属偶然，与猴子没有特殊的渊源关联。正如前面所介绍的老虎须、热唇草等，这只是脑力发达的人类通过视觉效果发挥的想象而已。

自然界中除了猴面兰的花具有这种动物"拟态"之外，还有很多兰科植物的花长得像一副动物脸，却与模拟的动物没有明显的关系，至少目前看来是如此。例如，文心兰花朵盛开时花色金黄，唇瓣大而呈现提琴形，形状宛若一群跳舞的少女，故又称跳舞兰；鸽子兰花形碗状，合蕊柱与唇瓣合起来像一只正在飞翔的白鸽，它被尊为巴拿马的国花，被认为是上帝派来的和平信使，代表纯洁而不受污染；意大利红门兰又称"意大利男人兰"，花粉红色或淡紫色，花被片为头盔状，有暗色条纹，整个花朵形似一个戴头盔的小人儿；章鱼兰花的翼瓣和萼片呈线形，黄绿色，稍扭曲自然下垂，形如小章鱼而得名。具有动物"拟态"的兰花不胜枚举。

形态各异的花朵构成了人们眼中各种不同的动物萌态，我很想知道，在昆虫的眼中，是否也有它们才能读懂的某种含义？

萌宠之极的"动物脸"兰花因其观赏价值受到人们的青睐和竞相追逐的焦点，野生的数量越来越稀少甚至走向濒危的境地。或许，这正是猴面兰的"忧郁"所在吧！

小贴士

20 世纪 70 年代末，猴面小龙兰被植物学家鲁尔（Carlyle Luer）发现并命名为 *Dracula simia*，种加词"*simia*"即"猴子"的意思，而属名"*Dracula*"源自拉丁语"*draco*"，意为"小飞龙"。

一朵娇小的兰花，却长着一副猴脸，表情还带着忧郁！小龙兰属大多种类的花朵表现如此，"表情"各异，我们把这类兰花统称为猴面兰。

食人花之谜

食人？这么恐怖！

早在1920年，探险家利歇（Carl Liche）博士在《美国周刊》（*American Weekly*）上报道说，他于1878年在马达加斯加看见一棵巨大的开花植物将一名当地部落的年轻女子吞食消化。1925年布赖恩特（W. C. Bryant）也宣称在菲律宾发现食人树。

为了证实这些报道的真实性，1971年，南美洲科学家曾经组织一支探险队，前往马达加斯加岛考察，在传闻有食人树的地区进行广泛搜索，但并没有发现食人树。1979年，英国人斯莱克在《食肉植物》一书中明确表示，学术界尚未发现有关食人植物的正式记载和报道。

尽管到目前为止，还没有证据证实有真正的食人植物，但不少动画片或儿童文学作品中依然会出现"食人植物"一说。还记得电子游戏《植物大战僵尸》中的食人花吗？它能够一口吞掉僵尸！不折不扣的科幻！

根据传说中的描述，植物学家认为"食人花"最大的嫌疑可能是巨魔芋或大王花。这两种植物在开花期间散发出强烈的腐肉臭味，让人误以为它们能吃动物甚至吃人。

疑犯之一——巨魔芋

1878年，意大利植物学家贝卡里（Odoardo Beccari）在印度尼西亚苏门答腊岛的热带雨林首次发现了一种叫作巨魔芋的"怪物"，高大的花序直接由块茎生出，巨大的佛焰苞中央矗立着空心的肉质花序轴，就像一支巨大的蜡烛插在烛台上！

巨魔芋是天南星科魔芋属的草本植物，其肉穗花序大得非同一般，最高纪录达3.1米，是目前吉尼斯世界纪录中最高的花序，也是世界上最大的不分枝花序，因而被称为"泰坦魔芋"，泰坦是希腊神话中的巨人。更重要的是，它的花序不仅没有香味，还散发出一股股强烈腐臭的气味，因此巨魔芋又被称为"尸花""尸臭魔芋"。

当地一直流传着有食人植物存在。传说中的巨魔芋是妖魔之物，用它妖艳的颜色、诡异的气味，使人产生幻觉，从而走向死亡，"尸臭魔芋"因此成为终身守护所罗门王宝藏的恶神。试想，漆黑的夜晚，当人们战战兢兢地行走在幽暗的雨林，突然看到一根高3米的巨大"蜡烛"，闻到其散发出的腐尸般臭味，哪能不胆战心惊！慌忙逃窜之余，把它想象成雨林中的食人植物也毫不为过。

事实上，巨魔芋的肉穗花序白天并没有那么臭，只有到了晚上，才会散发出烂臭鱼的气味，来吸引食腐的甲虫或蝇类等昆虫为其授粉。更为奇特的是，巨魔芋竟然具有哺乳动物才具备的调节体温的能力，能够在开花的时候，主动升温十多度，导致佛焰苞内温度升至二十多度，而花序轴中心的温度可达到38℃，让气味散发得更远！强烈的气味吸引着那些夜间飞行、对温度和气味极为敏感的食腐昆虫前来帮助其传粉。

但不可思议的是，巨魔芋的花朵却很小，集中在花序轴下方，有雌雄之分，雌花分布在花序的最下部，雄花分布在雌花的上部，雌花和雄花先后成熟。花序刚开放时，佛焰苞内壁十分光滑，被腐肉气味吸引而来的昆虫落入了花序的陷阱，挣扎中抖落身上携带的花粉，为巨魔芋完成异花授粉。当昆虫挣扎到第二天晚上，雄花成熟，产生大量花粉，粘在昆虫的身上，这时佛焰苞内壁会生出很多很小的突起，被困的昆虫才得以爬出来。当身上沾满雄花粉的它被另一株巨魔芋诱惑吸引时，便将花粉带给了另一株巨魔芋的雌花上。

巨魔芋花期极短，仅寥寥几日。授粉完成后，花序开始凋谢，保护着里面正在发育的果实和种子。当鲜红的果实成熟时，花序轴和佛焰苞早已腐败。这时，热带雨林中的鸟儿就能轻易地发现色彩鲜艳的巨魔芋果实。被鸟吞下的果实只有果肉部分可以被消化，坚硬的种子随鸟的粪便排出。于是，在鸟类的帮助下，巨魔芋的种子被传播出去，同时还得到了免费赠送的肥料呢！

巨魔芋具有一个巨大的块根，可重达几十千克，里面充足的营养为开出巨大的花朵做好准备。巨魔芋先开花后长叶，花朵凋谢后，会从地底的块根上长出一片巨大的叶子，叶柄绿色，状似树干，叶柄的顶端分出几个分枝，每个分枝上又着生许多小叶。巨魔芋通过光合作用储存营养在块根中，一般需经过四五年的累积才能灿烂绽放。

目前，巨魔芋只野生分布在苏门答腊岛和爪哇岛，野外数量极其稀少。随着人类的干扰，热带雨林受到巨大破坏，导致巨魔芋的野外生存状况岌岌可危。欣慰的是，世界上不少植物园已能人工栽培和繁殖巨魔芋。

巨魔芋在野生状态下不常开花，人工状态下开花更少。中科院西双版纳热带植物园曾引种一株巨魔芋开花，神秘的花序犹如"昙花一现"般短暂，引起了国内很大的轰动。但遗憾的是，因为距离太遥远，我只能在视频中一睹它的风采。

疑犯之二——大王花

大王花是另外一类有"食人花"嫌疑的植物，别名大花草，产自爪哇岛、苏门答腊岛等热带雨林，花冠直径可达1米以上，被公认为是世界上最大的花，重达7.5千克，花朵散发出恶臭的气味以吸引苍蝇等昆虫传粉，故称为腐尸花、食人花等。

1797年，法国植物学家德尚（Louis Auguste Deschamps）在爪哇岛首次发现大王花。大王花在爪哇等岛屿演化，至今约有20余种。

大王花在分类上属于大花草科，该科植物全部为肉质的寄生草本，没有叶绿体，主要寄生在崖爬藤等葡萄科植物的藤蔓上，并不具备植物的很多基本特征。无叶、无茎和无根，吸取营养的器官退化成菌丝体状，侵入寄主的组织内，吸取寄主组织内的营养生长。环境适合时，植物体会萌发，逐渐长出了花蕾瘤，花蕾瘤渐渐变大，至少要花上一年时间，外部苞片胀裂，巨大的花便是要开了。

大王花的花为单性花，只有雄花和雌花同时出现且距离较近时，在昆虫的帮助下完成授粉，才能得到繁殖。据植物学家观察，绿金果蝇为大王花传粉，传粉成功后6～8个月，果实会在腐朽的花朵残骸中成熟，呈现黑褐色，葡萄般大小，裂开后释放出上百万颗极细小的种子，种子直径仅约1微米。树鼩等小型哺乳动物在森林中穿梭时，无数细小的种子附在它们的体毛上，散落到新的地方。

经过长年累月的能量积累，才开出惊艳硕大的花朵，在短短的两周之内完成受精，然后凋谢，只留下无数细小的种子。大王花的花为什么如此巨大？这个问题一直困扰着科学家。

歌德曾有一句名言："为了要在一边消费，自然就被迫在另一边节约。"达尔文在其《物种起源》中也引用了这句名言，并讨论了生长的补偿和节约概念，"同一甘蓝变种，不会既产生茂盛的滋养的叶，同时又结出大量的含油种子"。英国著名的博物学家爱登堡（David

Attenborough)在纪录片《植物的私生活》(*The Private Life of Plants*)中曾意味深长地解说道,其实大王花吸引苍蝇本不需要那么大的花朵,为何它会进化出那么大的花朵呢?或许大王花与其他生物不一样,资源可以唾手可得到,甚至不劳而获的时候,它就会尽力地去挥霍!

有科学家通过遗传分析的手段,发现大王花竟然和花朵很小的大戟科最为亲近。大约4 600万年前,大花草科从大戟科中分化出来,可能当时的花非常小,毫不起眼,经过漫长的时间,花冠逐渐增至20多厘米,而直到近一两百万年前,其花冠突然快速进化,增至1米多宽。现存大王花的体积比进化初级阶段的大了近80倍,成为世界上最大的花。

科学家对马来西亚的一种肯氏大王花的基因组分析发现,大王花的基因组与亲缘关系较近的植物大不相同,而与寄主植物则有一定的相似性,说明大王花从它的寄主植物身上不仅吸取了营养,还可能"盗取"了寄主的基因。这种横向的基因转移大概占整个基因组的2%左右,但表达的蛋白则达到了令人惊讶的49%。这些蛋白控制了大花草的呼吸、代谢、蛋白转运等生理功能,甚至成功排除了寄主植物的免疫排斥反应,使得大王花可以完全依靠寄生植物生活。

大花草科植物主要分布在热带、亚热带地区。中国仅帽蕊草和寄生花2种,极为少见。西双版纳曾发现寄生花,寄生于扁担藤植物的根上,花朵如荷花一般大小,花冠约10厘米大,血红色,具有一股淡淡的腐臭味,依靠颜色和腐臭味吸引苍蝇一类的虫子帮助其传粉。

目前,大花草科植物受到人为的干扰,而濒临灭绝。由于其神秘的寄生生活,尚不能迁地保护,只能采取就地保护措施。

这是两种传说中的"食人花"——巨魔芋和大王花。两者都生长在热带雨林，花形巨大，颜色鲜艳，巨魔芋不分枝的肉穗花序可高达3米，大王花的花冠直径可达1米以上，都散发出一股强烈腐臭的气味，吸引食腐的甲虫或蝇类等昆虫来为其授粉。

种子中的巨无霸

16世纪初，人们在马尔代夫海滩发现一种奇怪的果实，篮球般大小，形状似椰子，当时以为它是海底某种植物长的果实，因此命名为海椰子。后来，人们才发现，海椰子生长在陆地，并不是马尔代夫原产，而是来源于2 300千米以外的非洲塞舌尔群岛。

海椰子雌雄异株，其果实大，一般约10千克，甚至最重可达30千克，堪称世界上最大的坚果。海椰子只野生分布在塞舌尔群岛，马尔代夫成为世界认识这种神奇种子的窗口。

2014年5月，在英国邱园的一间教具室里，我第一次亲眼见到了传说中的海椰子。尽管无数次看过它的图片，但面对面地触摸它，依然有些震惊：被剥掉了果皮的巨大的海椰子种子，被分成浑圆的两瓣，酷似女性的肥臀！

小贴士

海椰子（*Lodicea maldivica*），果实像俩青涩的椰子拼接而成，故又叫复椰子或双椰子。因最初在马尔代夫发现，所以将马尔代夫"Maldives"作为其学名的种加词，海椰子法语为"Coco de Mer"，意指来自海上的椰子。

海椰子种子

海椰子种子的外形本来就很奇特，有些标本制作者甚至在剥去椰棕模样的果皮时故意留下些许椰棕丝，更像极了人们看了脸红的模样。而且，海椰子的雄性花序也酷似男性生殖器，上面生有无数黄色小花，所以当地人把海椰子称为"会性交的"果树，认为它定有催情壮阳之效，因此在很长一段时间内，海椰子堪比黄金，被市场疯狂炒作。曾经在伦敦，一个海椰子种子被叫价到四百英镑，相当于当时一幢漂亮房子的价值！如今的人们依然相信，海椰子就是传说中伊甸园那颗令人知善恶的禁果，也象征着爱情的结晶。加之独特的海岸风光，如今的塞舌尔已经成为新婚恋人的蜜月度假之旅游胜地。

海椰子的珍贵更在于它的稀少。当年马尔代夫人为了让漂流过来的海椰子在马尔代夫发芽想尽办法，但都没能成功。后来发现它竟然只能在塞舌尔的普拉兰岛和库瑞岛上生长和结果！此外，海椰子生长极为缓慢，百年才能长成，而且茎干单一，易受强风折断，导致雌株数量极少，一棵树一生中结果数量不足百个，而果实要七年才能成熟，弥足珍贵，所以当时被炒成天价不足为奇。

海椰子的种子为什么这么大？海椰子的果实能随海水随波逐流，冲上马尔代夫的海滩，却不能在海滩上生长。很显然，海椰子巨大的种子不是为了更远地漂流和散播。那么，它为何进化成只有一颗种子却如此巨无霸？难道它不懂得，没有外界传播载体的协助，越大的种子散播到远方的可能性越小？瑞士联邦理工学院的爱德华兹（Peter Edwards）和他同事们的研究解答了疑惑。

原来，海椰子种子的进化可能与 7 500 万年前大陆漂移有关系。海椰子所生存的塞舌尔群岛可能是印度大陆向北移动时分离下来的"碎片"，大陆漂移的时间相当漫长，干燥的环境逐渐变得潮湿，能适应新环境的植物种类十分稀少，原本可以传播植物种子的鸟类也几乎绝迹，这就给原生植物海椰子的进化提供了足够的天时和地利。随着气候的潮湿，岛上的植物愈发高大，海椰子如同其他棕榈类植物一样，拼命地往上生长，高达 30 多米，结的果实也越来越大，为种子的发芽储备了足够的营养。

更令人惊讶的是，借助不了风力、水流和动物们的"搬运"，海椰子的繁殖策略另辟蹊径——种子太大移动不了，那就移动幼苗好了！海椰子的种子在萌发时会产生一条长长的"脐带"，伸向远离种子的方向，储存在种子里的养分借助这条脐带输向 10 米之外的幼苗。这条"脐带"称为养分输送索，正是因为它的存在，解决了海椰子种子太大不能移动的困难，同时鞭策着种子生长得越大越好，新的幼苗可以借助种子足够的养分支持向四周扩散。

如今，作为生物进化过程中遗留下来的活化石之一，海椰子已经成为塞舌尔群岛国宝级的植物，严禁砍伐和采摘果实，并禁止私运出国。除了塞舌尔原产地的两个岛屿有 5 000 株左右，少数其他国家有引种栽培，如斯里兰卡皇家植物园的两排海椰子便是 1850 年由英国人引入的。目前，全球每年约仅有 1 000 多个成熟果实可收获，而海椰子也被列入《濒危野生动植物种国际贸易公约》物种保护名录，禁止国际贸易。

　　说到这里，海椰子种子外形为何这般奇特，似乎还没有找到答案。但我一直相信，自然中植物的性与动物的性原本就是同源的，在长期的进化中保留了很多的相似性，所以植物的性表现（或说雌雄花序的外形）中类似动物的性器官也就不奇怪了。裸子植物中苏铁的雌雄花序不也如此这般像么？

　　海椰子为非洲的塞舌尔群岛特有种，果实篮球般大小，最重可达30千克，堪称世界上最大的坚果。

轻如尘埃的种子

话说海椰子的果实只含有一颗种子，可重达30千克，堪称世界上的巨无霸，其中蕴含的营养物质通过"养分输送索"为幼苗生长所需提供营养保障。

与此相反，自然界还有一类种子则采用以量取胜的方式参与竞争，如兰花等植物的微小种子。

"捡了芝麻，丢了西瓜"，人们常常用芝麻来形容小的种子，因为5万粒芝麻的重量才200克。然而，自然界还有比芝麻更小的种子，比如5万粒斑叶兰种子才0.025克，相比之下，斑叶兰的种子重量只有芝麻种子的八千分之一！

不仅仅是斑叶兰，几乎所有的兰花种子都极小。尽管种子形态不一，绝大多数种子及其种翅加起来才约1毫米，但数量惊人，通常一两个指节大小的蒴果里面往往包含着上百万粒种子。这些轻如烟尘的种子可以轻易地借助风和水流散播开来。

植物的进化总是朝着有利于自己的方向前行。为什么兰花会选择种子小而轻这条进化路线呢？故事还得从亿万年前开始讲起。

兰花位于植物进化树的顶端，是一类较为年轻的类群，最早大约在中生代开始出现。试想，现生兰花的某一个共同祖先的种子，在中生代的一个早晨苏醒萌发的时候，所面对的已经是一个林木幽深的世界，从参天的乔木，攀缘的藤本，到低矮的灌木丛，以及贴地生长的

蝴蝶兰的种子

苔藓，每一个位置似乎都被当时的植物占据着。

　　为了获取有限的阳光和生存空间，兰科植物的祖先不得不寻找新的发展道路，或登于高枝，或攀于悬崖，或贴生于风化的岩石缝隙间。尽管这些地方水分、养分十分贫瘠，却能够获得阳光。兰花在试图开辟一片新的生存领域！

　　岩石壁或雨林中的树枝极高，为了适应附生生活，兰花种子舍弃了胚乳和大多数重质量的营养组织，在进化中渐渐变得极小极轻，只留下一个简单的胚，外面包着疏松、透明、不易透水的种皮，能借助风力到达新的悬崖绝壁或者潮湿的枝干上。

　　舍弃胚乳等营养组织之后的兰花种子在后期萌发时遇到了大难题。生活在养分极其贫瘠的环境中，且没有了胚乳作为营养来源，兰花种子似乎走上了绝路！

　　然而，事实并不是人们所担心的那样，兰花在进化中不断尝试，并成功地选择和森林里普遍存在的真菌结为盟友。在真菌的帮助下，种子得以顺利萌发。

在自然环境下，兰花种子的寿命极其短暂，一般只有几个小时。真菌侵入兰花种子，把从周围腐殖质和其他植物里吸收的营养物质供给兰花种子，使其初步发育。大部分兰花生长出根与叶之后，便能够自行制造营养物质，更有一些特化的终生营腐生生活的兰花，如天麻，它们终生依靠真菌供给营养。

不仅如此，在贫瘠的岩壁和树枝上，为了保存和截留充足的水分，附生兰花的根系形成海绵状的吸水结构，并且发展出了景天酸代谢。它们在炎热的白天关闭气孔减少水分损失，晚上张开以获得二氧化碳。为了不浪费空间，多种附生兰科植物甚至把叶绿素转移到了根部。

除了兰花的种子微小外，世界上最大的花——大王花的种子也十分微小，葡萄般大小的果实，裂开后能释放出上百万颗直径仅1毫米的种子。常生于干旱沙漠的多年生寄生植物锁阳和肉苁蓉的种子也十分微小，聚生在肉质棒状的果序柄上。

兰花种子虽然很多，但在自然条件下发芽率一般不超过5％，大多数地生兰需要在特殊的、不同真菌的帮助下，才能正常萌发和生长。通常附生兰的种子比地生兰容易发芽，腐生兰的种子最难发芽。数以万计的兰花种子在努力寻找着新的生存空间，其中的绝大多数会在竞争中被湮没。尽管如此，但只要有少许几粒能脱颖而出，也算是成功地继承种族大业了。

兰花采取"以量取胜"借助风力散播种子的策略。种子轻如烟尘，十分微小，在进化中舍弃了胚乳和大多数质量重的营养组织，然后与真菌结为盟友，借助真菌获得营养而萌发和发育。

种子的飞翔

在人类世界中，父母最大的纠结是既希望孩子留在身边以膝下承欢，却又想尽办法让孩子们自力更生，高飞远举。植物也是一样，当果实本身的弹射不足以使得种子跑得更远时，母树便开始寻找着新的途径，以求尽可能散播得更远。

像鸟儿一样自由地飞翔，人类自诞生之日起便有这样的梦想。1903年12月，美国的莱特兄弟自行成功研制出固定翼飞机"飞行者一号"，人类上天飞行的梦想便逐渐得以实现。事实上，早在人类发明飞行器之前，自然界中就已经出现能够飞翔的种子，其中最擅长滑翔的当数藤蔓植物翅葫芦的种子了。

翅葫芦原产于东南亚热带雨林，能攀爬到热带雨林的林冠层，结出足球般大的果实（直径约30厘米），悬挂在森林之巅。果实成熟后开裂，果肉风干后，数百颗种子便从下部裂缝中落下，以轻薄透明的翅膀在空中滑翔，借助风力甚至可以滑行到数百米之外。正是受翅葫芦种子的形状启发，一名奥地利人设计出了一架滑翔机，没有尾翼，但具有稳定的空气动力，飞行较为平稳，无需人来操控。

自然界中除了翅葫芦滑翔的种子，兰花的微型种子也具有滑翔的"机翼"——种翅。柳兰和蒲公英等一些植物的种子，则借助于轻盈的冠毛来飞翔。蒲公英花瓣落地后一两周，花头会变成精巧的球状，形似一个个白色绒球，每一个含有上百颗种子。成熟之后的每一颗种子都有类似降落伞的结构，一阵风吹过，朵朵带着种子的小白伞随风飘散，借助风力，它们可到达数里远的地方。

热带植物羯布罗香等龙脑香科植物的果实也像双翅飞行的小鸟，只不过未能自由地飞翔，而是螺旋状潇洒落下。与之不同的是，而中国北方常见的榆树，整个果实近圆形，种子位于翅膀的中央，也可短距离飞行。

除此之外，还有不少靠单侧翅膀飞行的种子，如枫杨、三角槭等植物的翅果也是如此，果皮延展成翅状，两片相连的双胞胎成熟后彼此分开，种子在翅膀带领下各自起航。白蜡树等梣属植物翅果扁平，种子也位于翅膀的一侧，果实成熟前一丛丛挂在树干上，犹如一串串钥匙。椴树的果实则聚生成聚伞状，果序基部生有类似翅膀的长舌状总苞，在整个果序螺旋下降时起到一定的平衡作用。

一般说来，种子离地的距离越远，其飞行的时间就越长，前进的距离也就越远。因此，在有风的地方，高耸入云的树木靠风力传播种子最具优势。此外，种子的传播距离还与翅膀的面积正相关。植物演化过程中，种子越大，翅膀就得越大，才能更好地借助风力散播。

世界上种子翅膀面积最大的植物是巴西斑马木，种子外披针刺，翅膀可达30厘米，巨大的翅膀载着种子旋转着下落。跟双翅飞行相比，单翅飞行一般为旋转飞行，无风的时候可以延缓下降速度，有风的时候可由风往上吹送。

蒲公英放飞的季节，郊外的杉木林下，那是一片蒲公英的世界，轻轻捧一朵绒球在手上，鼓足了口气，然后猛地吹出去，目光追随着跑得最远的那一朵小白伞……

其实，风媒种子或者果实并不总是那么好运，难以借助风力传播

蒲公英的头状果序

得很远很远，大多数种子也只能落在母株周边不远处甚至脚下。1990年，普林斯顿大学的教授霍恩（Henry Horn）曾经用自己做的简单设备，研究有翅种子如何平稳地盘旋，发现风媒种子并不随机释放种子，而是会选在风力强劲时机投出种子，以让种子由空气流（或称涡流）带至更远的距离。

父母在，不远游。但种子们的远飞有它的道理——为了避免成为母树及兄弟姐妹的竞争对手。一旦种子全部只散落在母树的周围，虽然可以暂时得到母树的眷顾和荫庇，但资源总是有限的，太多的种子在母树周围生长，自然会导致与母树以及兄弟姐妹之间的激烈竞争，大量植物种子得不到充分发育，自然也无法开枝散叶。

母树"忍着不舍"目送种子远飞之前，送给种子最后的礼物是母树组织形成的"襁褓"——种子的种皮，唯恐种子在时机未成熟时就迫不及待地发芽，用种皮的松紧来告诉种子是否发芽时机已到。

　　然而，散落在他乡的种子是前途未卜的，或被吞食，或腐烂，或沉入水底，或被碾压而亡，或干枯而死……面对新领域中各种各样的生境挑战，大部分种子"灰飞烟灭"，只有极少数的幸运种子遇到适合的条件能顺利发芽长大，再次开花结果。尽管只有千分之一甚至万分之一的成功可能，它们的努力依然具有重要意义——为自己的家族成功开拓新领域迈出了新的一步！

　　值得一提的是，成功的反复散播会让物种分布得更加广泛，但如果远距离地散播种子依然没有生存机会时，自然选择会逐渐降低该物种的散播能力。

　　好儿郎，自然要远走他乡。虽然不舍，但远方有梦想！

榆树

翅葫芦

白蜡

三角槭

羯布罗香

巴西赤马木

蒲公英

为了种子飞得更远，母株用心良苦，给种子配备轻便的飞行装备，随风飘远。比如具有轻薄透明翅膀的翅葫芦、自带降落伞的蒲公英、螺旋状旋转落下的羯布罗香、围绕圆形翅膀的榆树三角槭、薄如蝉翼的兰花等等，举不胜举。

勾搭有理

在我们人类的世界中，总有一些爱搭便车的人。他们几乎不用付出任何代价，就可以轻松到达目的地，次数多了，便有些招人不快。

植物中也有很多这样的"投机者"。它们不会像猕猴桃、山橙等植物那样发育出美味的果肉，也不会像蒲公英、龙脑香等植物种子那样有着可以飞翔的翅膀，而是生出钩刺来，靠果皮钩刺的勾搭伎俩来完成种子的传播。它们生活在人或动物活动的路边，在人或动物身上轻轻一勾搭，即可悄悄走天下。在植物学家的字典中，它们被称为人厌植物。

苍耳便是典型的例子。苍耳的果实呈现纺锤形，遍身密生坚硬的钩刺，注意其刺尖并不是直的，而是弯曲成倒钩。枝叶枯落的秋季，苍耳果实成熟后呈金黄色，挂在枝头分外显眼，周边一旦有人或动物触碰，果实便附着在人的衣物或动物的皮毛上，甩都甩不下来，跟随行动的脚步浪迹天涯。

小时候爱在杂草丛到处乱转的我深受其害，躲犹不及。有时候它们还会成为调皮男生恶搞的道具，粘在女生头发上，扯得哇哇直叫，着实有些讨厌。

苍耳也是菊科家族的一分子，但不同于一般的菊花，其头状花序十分精巧，花序单性同株，雄花序在茎枝的上部，雌花序在茎枝的下部。每一个雌花序含两朵能结实的小花，发育成纺锤形的苍耳果实，然后静静期待着动物的来临。

剖开苍耳的果实，两粒细长的种子被紧紧地包在带刺的合生总苞片里。正是因为这带勾刺的总苞片的保护和"死皮赖脸"的勾搭本领，使得种子能安稳地躺在其中，搭上动物们的"顺风车"远走他乡，在远离母亲的荒地生根发芽。一岁一枯荣，在没人打理的荒地，苍耳常常随处可见。

苍耳果实上的勾刺不仅是一种有效传播种子的手段，还是一种重要的防御方式。一看这浑身硬刺的玩意儿，我想哪怕味道再鲜美，动物们的嘴也是不肯轻易下口的了。苍耳虽具有重要的药用价值，但其全身都有毒，直接食用会产生明显的中毒反应。如此这般，毒素和勾刺又变成了苍耳重要的保命手段。

一次，我正在散步，一只野狗从路边杂草丛中钻了出来，使劲抖了抖，却无法抖落粘在背上"搭便车"的那些东西。我走近了看，背上的东西还真不少呢，除了苍耳之外，还有小而粗糙的窃衣的果实、鬼针草带刚毛的瘦果以及其他不知名的种子。每粒种子都配备着精致的散播道具，虽然静止不动，可都充满着移动的潜力。

在自然界中，这类善于勾搭的植物种子还真不少，雀麦、牛膝、淡竹叶、狼尾草以及拉拉藤、透骨草等植物也有类似苍耳这样勾人的果种。这类植物适宜生长在路边等开阔生境中，其种子不必像刺葫芦等飞翔的种子那样最大限度地减轻自身重量，从而保证种子植物中胚乳等营养成分，也不用像其他带鲜美果实的植物那样用毕生精力来培育出香甜果实，而是借用其他动物的携带而付出最小的代价。真的是轻轻一勾搭，悄悄走天下。

对于散播在他乡的种子来说，前途充满未知与危险。土壤是种子的避难所和天堂，大部分种子借助重力落入土壤缝隙中，淡竹叶等禾本科植物的种子具有芒，能够像飞镖一样直接插进土壤缝隙中，经过一段时间的休眠，待到合适的时机，条件适宜时再萌发。

造物主是公平的，他为你关上一扇门的时候，也会为你打开一扇窗。苍耳等植物虽然没有甜美的果实和飞翔的翅膀，但同样可以演化出灵巧的构造，轻松走遍天下。

苍耳的这种不付出任何代价的勾搭伎俩虽然令人讨厌，但现在却成为人类世界竞相模拟的仿生学对象。人们现在广泛用于鞋子、帽子、背包上的尼龙黏扣，以及用来固定头发的魔法贴，一贴即合，一拉即开，就是运用了尼龙黏扣的原理，而尼龙黏扣的发明就是瑞士发明家乔治源于苍耳的启示。

大自然中有些动植物虽然看来不起眼，却大有学问。若是留心观察，说不定会发现很多的秘密。不妨慢下你的脚步，走近了看看它们。或许，你会有新的启发。

没有可以飞翔的翅膀，有些果实便生出钩刺来，靠
勾搭来完成种子的传播。苍耳、窃衣、鬼针草、狼
尾草等很多植物在进化中"不约而同"选择了类似
的散播方式，种子勾搭于动物和人的身上，轻松走
天下。

植物的克隆

　　小时候喜欢看《西游记》，孙悟空从身上拔出一小撮猴毛，立即变为成千上万的化身去迎战妖魔鬼怪，甚为神奇。长大以后方知，面对不利情况时，植物也会以如此低成本的复制来应对不良环境的变化，这其实是植物生存和繁衍的普遍性法则。

　　你知道和面用的酵母菌么？它其实是一种单细胞藻类，在繁殖时常采用出芽生殖来繁衍更多的后代。这种单细胞藻类的出芽生殖或念珠状藻类的藻体断裂，都是通过细胞分裂直接产生新的个体，在进化上属于很原始的繁殖方式，但也是植物界最为重要的生存策略之一。

　　自然界中，地钱、丝瓜藓、八齿藓等路边常见的许多苔藓植物能够产生无性芽孢来繁殖。蕨类植物中的珠芽狗脊也是如此，每到繁殖季节，珠芽狗脊叶片上便布满了珠芽，每一珠芽落地后，遇合适的条

小贴士

　　无性繁殖又名克隆生殖，是指直接由母体的一部分直接形成新个体的繁殖方式。繁殖中没有两性的结合过程，产生的后代与母体完全同质。

大叶落地生根的无性芽孢

热带睡莲的叶"胎生"

件便可长成一棵新的植株，故又称胎生狗脊。

景天科植物中的落地生根对这个策略更是应用自如，环境稍加干旱时，哪怕它还没"长大成人"，也会在叶片边缘分化产生很多珠芽。珠芽极易脱落，只要地面条件允许便扎根成活，从而快速产生大量后代，故被称为植物中的"不死鸟"。

落地生根是我阳台上的"常住居民"，我曾亲眼见证它顽强的生命力和繁殖能力。大多数叶片边缘缺刻处都会生出珠芽，稍加触碰便落得满地都是。在温暖的三五月，成年后的植株会抽出长长的花葶，无数吊钟状的粉色花朵悬挂在圆锥花序的各个方位，犹如华丽殿堂的立体吊灯。不久前，我竟然惊讶地发现一株落地生根长长的花序上也长满了小苗！难道落地生根繁衍的欲望是如此强烈，竟然来不及等待种子的成熟和短暂休眠，便直接在母株花序上发芽？

经过仔细解剖观察，原来小苗是从花序小梗上长出来的无性珠芽，并非种子发芽产生的种子苗！母株将自己吸取的营养源源不断地输送给花序上的珠芽和发育着的种子，直到自身衰老枯黄逐渐死去，珠芽们和种子们则各自分散开来寻找新的生存空间。

生命世界的探索永无止境。有些热带睡莲叶片中间，会有一个个小疙瘩冒出来，甚至还会长出尖尖的头！乍一看，还以为睡莲叶片发生了病变。其实，这也是一种叶"胎生"现象。在睡莲盾形叶片和叶柄的连接处，细胞再分化产生小植株。当老叶衰老、腐烂之后，长成的胎生植株就会脱离母株，随水漂流，在新的地方扎根生长。在野生睡莲家族中，原本只有小花睡莲具有这一"胎生"特性，后来园艺学家们用它作为亲本进行杂交，目前已培育出20多个具有叶"胎生"特性的热带睡莲品种。

从本质上讲，植物的这种"胎生"现象其实是一种无性繁殖。

二十多年前，一只名叫"多莉"的克隆羊在苏格兰降生，从此"克隆"一词开始被家喻户晓。与动物克隆原理相同，植物之所以能够进行无性繁殖，其机理在于细胞具有全能性，即多细胞生物中每一个个体细胞的细胞核拥有个体发育的全部基因，只要得到激发，每个细胞都可发育成完整的个体。

植物克隆繁殖的最大优点在于：可以保证后代的基因完全是自己的，无需把能量分配给不能生产后代的雄性，并且短时内可以产生大量的后代，快速占领某一空间，赢得生存先机。与之相比，经过传粉受精产生种子的有性繁殖则需要耗费大量能量产生雌雄器官，需要第三方传粉者的帮助，而且只有一半的基因传递给了后代，从占领新空间的速度上就慢了一步。因此，相较于播种来繁殖，生活中人们似乎更习惯于用无性繁殖来扩大生产。一根枝条、一块根茎、一片叶子甚至一点碎片，也可繁殖出一个新的个体，如马铃薯常通过块茎繁殖，水稻通过分蘖来扩大繁殖等等，这类例子不胜枚举。尤其对于一些在野外繁衍困难的珍稀濒危植物，人们常常采用扦插、压条、嫁接以及实验室组培技术进行无性繁殖以挽救物种的灭绝。

然而，无性繁殖也有其缺点，无限制的重复复制会使得积累的有害基因无法去除，最终物种很难适应新的环境。而有性繁殖可以通过雌雄受精过程，增加遗传多样性，增加后代抵抗严酷环境的生存能力。因此，植物进化过程中有性繁殖成为主要的繁殖方式。

无性繁殖与有性繁殖各有优点，许多植物拥有无性繁殖与有性繁殖"双保险"，以最大程度繁衍自己。比如，珠芽狗脊用珠芽进行无性繁殖的同时，也会在成熟的叶背面长出粗短的新月形的孢子囊群。孢子成熟后散播出去，以孢子来繁殖。

自然界中，为了提高种子繁衍的成活率，进化出了真正的胎生现象，即种子在母株上发育成苗。相信很多人听说过或看到过红树林中"树挂幼苗"的景象，为了适应海滩生态环境，红树、木榄等部分红树林植物的种子直接在母株上萌发，幼苗脱落后在水面随波逐流，一有机会便迅速钻进淤泥了，扎下根来，长成新的植株。与此相似，不少耐寒睡莲也具有花胎生现象，花还没有完全衰落，种子便开始在花中发芽成苗。

需要强调的是，真正的胎生幼苗是种子在母株上直接发育而成种子苗，前面所提的植物体细胞直接分化产生的无性珠芽是假胎生幼苗，两者有着本质的区别。

总的说来，有性繁殖结种子不容易但后代抗性强，无性繁殖的繁殖速度快但品质容易衰退。在长期的进化历程中，繁衍成为植物们最激烈的竞争环节，只有将两者充分有效利用起来，最大可能占领更多生存空间的物种才能不被淘汰。

为了适应海滩生态环境，红树、木榄等部分红树林植物的种子直接在母株上萌发，称为胎生现象；珠芽狗脊等植物的体细胞直接分化产生无性珠芽，是一种无性繁殖方式；两者有着本质的区别。

CHAPTER FOUR

协同进化篇

正因为处处有奇迹，自然的大胆处与精巧处，无一
处不使人神往倾心。

——沈从文《边城》

在自然界长期的生存进化过程中，植物逐渐克服了不能动的弱点，采取一切手段利用动物或与动物抗衡，形成两种截然不同的植物与动物之间的协同进化途径。

有一类植物，它们深刻领悟"舍"与"得"的其中内涵，与其他动物互惠互利，合作共赢。植物进化出某些特殊的结构，为动物提供食物或居住繁衍场所，利用动物为其服务，形成了"生死与共"的合作关系。

此外，动物以植物为食，植物为了抵抗这种伤害，也进化出了一系列具防御功能的结构。为了生存，动物随之进化出新的进攻机制，如此植物与动物之间长期进行相互较量。

原来，植物世界之大，什么"鸟"都有！

达尔文的预言

科学和神学的相似之处在于二者都会"预测未来",不同之处在于所有大自然的"神迹"都可以被科学证实。达尔文对大彗星兰"神迹"的预测正是展现科学的精妙之处,而传教士则始终无法揣摩到"上帝"的旨意。

在出版《物种起源》之后,达尔文曾出版过一本专著《兰花的昆虫传粉》(*The various contrivances by which orchids are fertilized by insects*),书中提到了他收到来自马达加斯加岛一种新的彗星兰标本,并做了一个伟大的预言。到底怎么回事呢?达尔文很早就开始关注兰花和传粉生物的关系,也因此经常收到来自世界各地的兰花标本。

1862年1月25日,达尔文收到一份来自马达加斯加的兰花标本,打开一看,立刻被它长达30厘米的花距惊呆了!这是一种生长在树干或石头上的附生兰,名叫大彗星兰(又叫武夷兰)。它拥有6枚洁白芳香的花被,呈辐射状,唇瓣基部向外延伸形成一条又长又细的花距,如同天空中的彗星掠过后的长尾,故名彗星兰。它的学名种加词"*sesquipedale*"在拉丁文中即意为"一英尺半"。花距这一结构在有花植物世界并不罕见,植物们常用它们来储存蜜汁以吸引昆虫授粉,但如此长而窄的花蜜管,而且只有管末才有花蜜,岂不是让昆虫们望而却步么?

博学且爱思考的达尔文做出了一个大胆的预测:马达加斯加岛

上一定生活着一种飞蛾，这种飞蛾长有极长的喙（口器），其长喙刚好能够到花距的底部，获得兰花给它提供的报酬，同时帮助兰花完成授粉。

可是谁见过这样的昆虫呢？"简直是荒唐！"当时不少昆虫学家这么讽刺他的推测。面对如此"天才预言"，依然有不少科学家前赴后继地去探索科学，直到达尔文去世20多年后才终于证实。

1903年，科学家罗斯柴尔德（Lionel Walter Rothschild）和乔丹（Karl Jordan）终于在马达加斯加岛上找到了一种长着25厘米长的喙，体型如小鸟一般大小的天蛾，将它命名为"预测天蛾"！但由于天蛾为夜行性动物，科学家一直未能直接观察到天蛾的访花行为。直到1992年，一位德国科学家长期蹲守野外，借助于夜视仪记录了长喙天蛾访问大彗星兰花朵的精彩瞬间。

达尔文用他惊人的智慧预见了这一发现，这种长喙天蛾的学名的种加词"*praedicta*"便是"预测"之意，以纪念植物进化理论发展历史上戏剧而重彩的一笔。"预测天蛾"的发现距达尔文做出预测已过了41年，大彗星兰又被称为"达尔文兰"。

小贴士

1964年，美国生态学家埃利希（Paul R. Ehrlich）和雷文（Peter H. Raven）研究植物和蝴蝶的进化发展关系时，正式提出**协同进化**这一术语，定义为"指一个物种的性状作为对另一物种性状的反应而进化，而后一物种的性状又对前一物种性状的反应而进化的现象。"协同进化的概念由此传播开来。

武夷兰"维奇"

　　达尔文之所以敢于做出这个令人惊骇的预测，是因为他深知自然选择的魔力。兰花的花距应该略长于授粉者的喙，授粉者在尽量伸长喙去吸食花距底部的花蜜时，身体会挤压花冠，花粉便粘在授粉者的身上。因此，兰花的花距越长，就会迫使授粉者粘到更多的花粉，就越容易留下更多的后代。反过来，授粉者的喙部越长，就越容易吸到花蜜，有更充足的营养，才能留下更多的后代，在自然选择中存活下来。两者长期互相竞赛的结果，使兰花的花距变得越来越长，天蛾的喙也变得越来越长。

不得不令人感叹，一百多年前的达尔文对物种间协同进化的了解竟如此透彻！这一伟大预言犹如打开了一扇通往自然世界真谛的大门，指领着科学家们不断向前，深入了解自然的奥秘。

1965年，一位法国植物学家在马达加斯加还发现另一种与大彗星兰同属的兰花，它的花距长达40厘米。1991年，美国昆虫学家克里茨基（Gene Kritsky）为此也做出预测：估计在马达加斯加还存在着一种未知的大型蛾类，其喙部至少长达38厘米！新的探索又开始了，我们拭目以待。

目前，彗星兰属植物在全球约有150种，大彗星兰及其近缘种已经被成功引种和繁殖，逐渐成为国内外各大兰花展览上的亮点。

一般说来，很多有花植物会免费提供花粉或花蜜以吸引昆虫传粉，但它们绝不会大方到让所有的昆虫都能轻而易举地吃到花粉或花蜜。为了提高传粉的精准性和高效性，不同的植物在长期的进化中采用相似的策略，其花瓣向后或向侧面延长成管状、兜状等形状的花距结构，除了大彗星兰等植物不惜耗费大量能量生长出如此长的花距外，凤仙花科、堇菜科植物也有长长的花距，分泌的蜜就贮存在距的末端。

而且，不同的植物，花距的形状和长度不同，这起到了选择昆虫的作用，昆虫的食性也有选择植物的作用，如此便在植物和昆虫间建立了特定昆虫为特定植物传粉的机制，为物种的稳定性起到了巨大作用。昆虫与虫媒传粉植物之间已经共同进化了一亿多年，形成了复杂的相互作用网。

关于有花植物为何在白垩纪大量出现这一令达尔文郁闷的"令人讨厌的谜"，或许协同进化能够给予合理的解释。

瞧，一只长喙天蛾正在访问大彗星兰的花朵！大彗星兰将香甜的花蜜藏在长达30厘米的花距底部，而长喙天蛾具有长达25厘米的长喙，为了能吸食到花蜜，它努力伸长喙部，身体挤压花冠。大彗星兰乘机将花粉粘在它身上，带往下一朵花。

号角树的护卫兵团

南美洲巴西的热带森林里，居住着一种蚁栖植物，其茎干如同竹竿，中空有节，枝条砍下来可作乐器，吹奏出号角般的乐声，故称之为号角树。

号角树的叶片呈掌状，很像常见植物蓖麻的叶片，有的地方称它为"伞树"。除了这些突出的特征外，让它"披上行装"扬名万里的是它"蚁栖树"的大名。

森林中有一种蚂蚁叫阿兹特克蚁，在长期的生存进化中与号角树相互依存，共同进化而来，因此被称为益蚁。益蚁在号角树中空的茎干上打出无数迷你小洞，以便可以随意进出"房间"，整个茎干犹如益蚁的群居大厦，益蚁在这里生儿育女。为了留住益蚁，蚁栖树还在叶柄基部分泌出小小的白色蛋形物——穆勒尔小体，其中丰富的蛋白质和脂肪，成为益蚁们的美味佳肴。

"衣食无忧"的益蚁们知恩图报，充当着号角树的忠实卫士，一旦发现外敌入侵，益蚁便会倾巢出动，群起而攻之。热带森林中有一种专门吃树叶的啮叶蚁，短时间内能把一棵树啮得精光，却唯独不敢进攻蚁栖树，因为它们惧怕号角树上的这种益蚁。面对号角树的强大保护团，啮叶蚁只能逃之夭夭。

不仅如此，益蚁为"报答"房主的殷勤款待，还会清除树干、树叶上有害的霉菌；帮助蚁栖树同难缠的藤本植物做斗争，咬断不时缠

号角树（又称蚁栖树）生长在巴西的热带森林里，其茎干中空有节，里面居住着一群阿兹特克蚁。它们以号角树叶柄基部分泌的"小蛋蛋"为食，并且知恩图报，担当起号角树的忠实卫士，抵御外敌入侵。

绕上来的茎尖；驱赶和歼灭各种食叶蛀木的害虫等等。在益蚁们如此精心的打理下，号角树枝繁叶茂，郁郁葱葱。

有段时间，我常去观察号角树，望着那些在树干上忙碌的身影，不禁沉思：数百万年前的某天，益蚁们的某位祖先在寻寻觅觅中发现了号角树这一幽静的藏身之地，便开始"呼朋唤友"，逐渐引来了整个家族，聚居并繁衍开来。自家门户被侵占，或许号角树起初并不乐意，但啮叶蚁的毁灭性攻击使得它们"苦不堪言"，而益蚁们的捍卫从某种程度上保护了号角树的安全。于是在后来的协同进化中，号角树开始接纳益蚁，并在叶柄基部分泌一些营养物质，犒赏那些忠实的护卫者。久而久之，两者之间便形成一种默契，彼此再也分不开。

在自然界，与蚂蚁共生的植物有上千种，主要集中在茜草科、萝藦科、兰科等少数植物内。

在中美洲，有一种牛角相思树蚁，身体黄褐色，眼睛大大的，形态似黄蜂，专门栖息在牛角相思树上。蚁后将卵产在膨大的托叶刺中，蚁群巡游在枝叶上，以叶柄蜜腺分泌的蜜汁为食。作为回报，蚂蚁可分泌一种毒液，使其他昆虫或食草兽触及后感到剧痛而逃跑。这种互利共生关系，使这种相思树在当地生长得快而多。另外，牛角相思树还会生长出看起来很"恶毒"的尖刺、释放有害的化学物质等，采用多种方法，保护多汁的叶片免遭食草动物的啃食。

除此之外，分布在热带雨林树干上的贝壳叶眼树莲，少数叶片变态为肉质的囊状叶，呈贝壳状，中空，供蚂蚁栖息和繁殖。

中美洲的兰科植物双角兰，外形有点像肥硕的鼓槌石斛，假鳞茎呈现长柱状，中间是空的，被红蚁占据为巢。整棵植物成为蚂蚁的天堂，除了花蜜，其花梗、心皮、嫩枝，甚至叶柄基部都有蜜腺，并全年分泌蜜露，几乎提供了蚂蚁一半的"口粮"。而蚂蚁的代谢物为双角兰提供了源源不断的养分，同时蚂蚁能够驱赶侵犯双角兰的有害昆虫。

这种蚁栖共生现象并不局限于种子植物，在蕨类植物中也可见到它的踪影。不少蕨类植物如蚁蕨属都具有膨大中空的根状茎，供蚂蚁居住。蕨类可以吸收蚂蚁带来的养分，而蚂蚁可以防卫蚜虫对蕨类植物的取食和破坏。更有趣的是，科研人员还发现蚁蕨属植物的孢子多带有纤丝，蚂蚁在行动过程中协助了孢子的传播，从而实现蚁蕨属植物的扩散。

纵观这些蚁栖植物，不难发现，尽管植物外在形态各异，它们却有着惊人的相似：不仅都生活在热带，且为附生，都通过茎或叶变异，产生膨大的茎、刺、叶柄、块根或囊状叶给蚂蚁营巢，并且为蚂蚁提供美味的食物；作为回报，蚂蚁营巢和捕食时带来了大量的有机物供植物吸收，同时出于保护巢穴的天性，蚂蚁会主动保护植物，赶走或杀死前来危害植物的昆虫，心甘情愿成为它忠实的守卫者，从而达到互惠共生。

难道植物和动物也懂得走捷径，在长期的摸索过程中，一旦发现成功的途径，便竞相效仿以增加生存机会么？或许，是生境相似让植物产生趋同进化的结果吧。

自然界中的蚁栖植物有很多种，牛角相思树、贝壳叶眼树莲、双角兰、鼓槌石斛、蚁蕨等近千种植物由于趋同进化，具有了许多相似的特征，与蚂蚁互利共生。

懂规矩的寄生蛾

夏秋的夜晚，北美大地。

丝兰伸出了长长的圆锥花序，乳白色的花朵在花序轴上竞相绽放，如同沙漠中明亮的蜡烛，翘首期盼着它亲密的伙伴——丝兰蛾的到来。

黑夜中雌雄丝兰蛾交配，交配后的雌蛾会爬上丝兰花的雄蕊，把头弯下，用它那构造特殊的口器采集花粉，并把花粉搓结成球，夹在"下巴"底下，飞向另一朵丝兰花。在那儿，它先用自身特有的长长产卵器刺穿雌蕊的子房壁，将卵产在丝兰的子房里，然后攀上柱头，把花粉球压入丝兰的柱头深处，使丝兰受精。

丝兰是自交不亲和的，借助于丝兰蛾而完成异花受精。与其他传粉昆虫不同，丝兰蛾是少有的主动授粉者，会主动把花粉推进柱头中。它为什么要这样做呢？

因为没有受精的丝兰花朵很快就会凋落，只有已受精的花才能发育成果实和种子。看来丝兰蛾帮助丝兰传粉，完全是为了保障自己的幼虫有安全的孵化场所和充足的食物来源。

丝兰蛾的卵在丝兰子房的保护下孵化发育，并吃掉一半的种子。当果实中剩余的种子成熟时，丝兰蛾的幼虫也养得肥嘟嘟的了，它们便咬破果壁，吐丝而下降至地面，然后在土中结茧成蛹。剩余的种子让这株丝兰继续繁殖，等到下年或下下年丝兰开花时，丝兰蛾破茧而出，再为生育和传粉而工作。

数百万年来，丝兰和丝兰蛾在长期选择进化中逐渐形成一种默契，在非常复杂而细致的适应法则下过着它们和谐的生活。如果没有丝兰蛾传粉，丝兰的整个花季将白白浪费，永远结不出种子。同样地，没有丝兰花子房的保护，丝兰蛾的幼虫没有发育场所，也没有食物来源，不能繁殖后代。

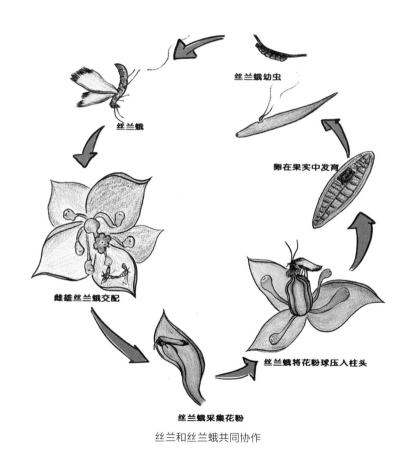

丝兰蛾幼虫

卵在果实中发育

丝兰蛾

雌雄丝兰蛾交配

丝兰蛾将花粉球压入柱头

丝兰蛾采集花粉

丝兰和丝兰蛾共同协作

很明显，丝兰提供一部分种子喂养丝兰蛾，交换丝兰蛾帮它异花授粉，这种互利合作是有风险的。为减少资源浪费，如果子房内的胚珠没有受精，丝兰果实在发育初期就会掉落。一些跟丝兰蛾有近亲关系的伪丝兰蛾不愿意辛勤运载花粉，却有意避开果实脱落的风险，将卵产在已经授粉并开始发育的果实上，在果实里孵化出的幼虫，导致部分丝兰损失惨重。

丝兰为此进化出了对策。被太多虫卵侵占的丝兰花，在长出种子之前也会凋谢，因此投机倒把的伪丝兰蛾的繁殖，远不如规规矩矩的丝兰蛾来得顺利。从长远看来，丝兰蛾懂得资源的可持续利用，能控制每一朵花中的产卵数，让后代仅吃掉少量的种子，而更多的种子使得丝兰得以繁衍开来。由此，二者在漫长的岁月里，紧紧地相伴相依。

丝兰被引种栽培到其他地方后，缺少了丝兰蛾的陪伴，栽培的丝兰不得不依赖人工授粉和繁殖。

早在1873年，美国密苏里州的昆虫学家赖利（Charles Valentine Riley）在《美国博物学家》（*The American Naturalist*）上报道丝兰属王兰这种奇特的授粉方式。正如达尔文预言马达加斯加大彗星兰的授粉昆虫一样，当时许多昆虫学家也曾质疑赖利对王兰授粉的观察，斥之为"无稽之谈"。

真相在不断探索中被发现和证实。丝兰属约有30种，在其原产地北美，每一种丝兰仅与一特定的丝兰蛾形成专性共生关系。

除此之外，艾胶算盘子与艾胶头细蛾竟然也拥有这种互助协作关系，被华南植物园科研人员发现。与1873年赖利发现丝兰和丝兰蛾的共生相呼应，该项研究成果于2017年也发表在国际重要学术期刊《美国博物学家》上。

艾胶算盘子是叶下珠科的一种常绿灌木或小乔木。四月的夜晚，艾胶头细蛾循着花香前来，先收集艾胶算盘子雄花的花粉于口器上，并用口器主动为雌花柱头授粉，接着通过产卵器产卵于雌花子房内。成功授粉后的艾胶算盘子雌花发育成幼果，经过一段时间的休眠期，艾胶算盘子快速发育的果皮与缓慢发育的种子之间形成了一个空腔，恰好为艾胶头细蛾幼虫发育化蛹、结茧和成虫生存提供了空间，孵化后的幼虫取食植物的部分种子。

当种子成熟时，艾胶算盘子果实裂开向外散布种子，此时成群的蛾子也从果内飞出，并进入树的顶端进行交配。完成交配后的雌虫又开始为寄主植物传粉，并产卵繁殖后代。

幼虫吃光植物的种子岂不影响了植物的繁殖？

巧妙的是，幼虫似乎更"懂得"可持续发展的道理，并不会将心皮内的两粒种子完全消灭，而是留下一粒种子保证植物能繁衍后代。

一分耕耘一分收获。昆虫为植物花朵传粉，促进植物结实，寄居其内以种子为食；植物借助昆虫授粉而得以结实，牺牲部分种子作为回报；二者达成了长期的互利合作关系，维系着两个不同物种的繁盛。

科学家在自然界中还发现了许多植物与昆虫完美协作的例子。例如在欧洲，一种毛茛家族的金莲花是由在花里产卵的苍蝇授粉，而美国加州沙漠上的一种高大的柱型仙人掌上帝阁也由其寄生的飞蛾授粉。

如果说"山无陵，天地合，乃敢与君绝"是人类爱情相守的最高境界，那么自然界中丝兰和丝兰蛾、艾胶算盘子与艾胶头细蛾这种完美的适应和生死相依，应该也算是一场昆虫与植物之间海枯石烂的跨界爱情了吧！

丝兰和丝兰蛾在长期选择进化中形成一种默契，丝兰蛾将卵产在丝兰的子房内，并主动帮助丝兰传粉，孵化后的幼虫取食少量的种子。艾胶算盘子与艾胶头细蛾之间的合作也"借鉴"了这一模式。

是牢笼也是天堂

自然界中两个不同的物种互惠互利，密不可分，这样的例子不胜枚举。

地衣中共生的藻类进行光合作用制造有机物，共生的菌类吸收水分和无机盐，两者长期互利共生，形成形态稳定的共生体。但要是将彼此分开，各方还能继续活下去。榕树与榕小蜂之间的关系密不可分，可谓是"合则旺，分则亡"，谁也离不开谁！

榕属植物的花序非常特殊，无数迷你花朵藏在膨大的花序托内，形成隐头花序，外观看似果实，常简称为榕果或无花果。

以薜荔为例，它们为雌雄异株，雌性隐头花序外观近圆形，顶端圆钝，里面只有雌花，花柱较长；雄瘿隐头花序近梨形，顶端平截，里面有雄花和瘿花，雄花位于花序内壁近口端，瘿花位于雄瘿隐头花序内侧底部。瘿花实质上是特化的雌花，柱头短，不能结实，适合榕小蜂产卵和孵化生长。

榕小蜂雌雄异态，雌蜂黑色有翅，雄蜂黄色无翅。雌蜂与雄蜂在瘿花中完成交配后，雌蜂带着满腹的受精卵慢慢从花序顶端出口爬出，途经开放着的雄花，身体便携带了无数花粉。飞出后的雌蜂便开始寻找产卵场所，而完成"任务"的雄瘿隐头花序便逐渐衰老甚至脱落。

雌蜂在寻找产卵地过程中，一种可能是它"误入"了另一个雌性

薛荔雄瘿花序

薛荔雌性花序

隐头花序，该花序中有无数等待传粉的雌花。由于雌蜂产卵器太短，无法通过柱头向子房产卵，在力图寻找瘿花的过程中将身上的花粉全涂抹在长长的花柱上，无意间完成传粉作用。受精的雌花结实而膨大，而雌蜂逐渐耗费体力而亡。另一种可能是它一头钻入另一个雄瘿隐头花序中，找到花序底部的瘿花，并在瘿花子房内产卵。羽化后的雌雄榕小蜂在瘿花内完成交配，交配后的雌蜂开始下一轮的传粉或产卵。

榕属植物依赖榕小蜂传粉获得有性繁殖，而榕小蜂也必须在其隐头花序中依赖小花的子房繁殖后代，如此这般相互依存，并且代代相传，生生不息，构成一幅完美的植物与昆虫的和谐共生图。

很多人会产生疑惑：为何榕属植物要形成隐头花序呢？花朵隐藏在膨大的花序托内，形成自我封闭的"牢笼"，岂不是将传粉昆虫们拒之门外？的确，绝大多数传粉昆虫只能望而却步，榕属植物的传粉似乎面临极大风险，陷入繁衍困境。

对于这个疑惑，科学家推测，早在1.3亿年前的白垩纪早期，各种甲虫开始兴盛。为避免昆虫的咬噬，榕属植物的花才发生了一系列的变异，花序轴膨大逐渐将所有幼嫩花朵包被起来，慢慢地，就形成了今天所见的隐头花序。

为解决空间密闭不利于昆虫传粉的劣势，榕属植物花序的顶端形成了一个通道，而入口被覆瓦状的顶生苞片，成为阻止其他类昆虫进入的物理屏障，只有前口式、头部楔形的传粉榕小蜂才能顺利进入通道。并且在长期的进化过程中雄瘿花序中的雌花退化为瘿花，但植株还源源不断地提供营养物质，专供雄瘿花序中的榕小蜂产卵和繁育，使得原本牢笼似的空间变成了榕小蜂生长繁育的天堂！

在长期的生存进化和自然选择中，榕属植物与榕小蜂相互"礼让"，成为对方自然选择的动力。两者协同进化，逐渐形成了高度专一、"生死与共"的合作关系。

薜荔雄瘿花序中的瘿花成为榕小蜂的产卵地，并且输送大量的营养物质培育数千只榕小蜂，它犯傻吗？当然不是，因为榕小蜂是它唯一传粉者，榕小蜂种族繁衍发达是薜荔能够得到传粉的保证。

榕小蜂也"懂得"知恩图报，交配后的雌蜂寻找产卵地的时候，会争先恐后地"误入"雌性花序内，自杀式地为雌花传粉。成功授粉后的雌花结出大量种子，使得植物得到繁衍，其他榕小蜂何愁找不到栖息和繁育场所呢？榕小蜂成为牺牲自己、成就后代的典范。

然而，不是所有的榕小蜂都有这么高的"觉悟"，"投机倒把"者依然存在。如同不走正道的伪丝兰蛾一样，自然界中也有一类"投机性"群体——非传粉榕小蜂，它们大部分从隐头花序外用产卵器刺入花序内产卵。

植物如何应对这些只得到而不付出的"欺骗者"呢？

　　科学家发现，植物常会使用"胡萝卜+大棒"的策略，即通过惩罚机制来抑制投机个体或行为的扩散，奖励那些主动合作的个体或行为。当投机性小蜂的数量比较多时，榕树通过隐头花序脱落，将这些小蜂的后代全部杀死。对于能少量携带和散布花粉的部分投机性小蜂，榕树则会抑制这些小蜂后代发育，降低其种群数量，但又维持其一定的数量。

　　如前所述，丝兰直接牺牲自己的种子喂养丝兰蛾，而依靠丝兰蛾的"自觉"来控制产卵数量，被动地维持着二者的平衡。榕属植物则会"掌握"主动权，通过控制花托中无性花的数量来限制榕小蜂的数量。

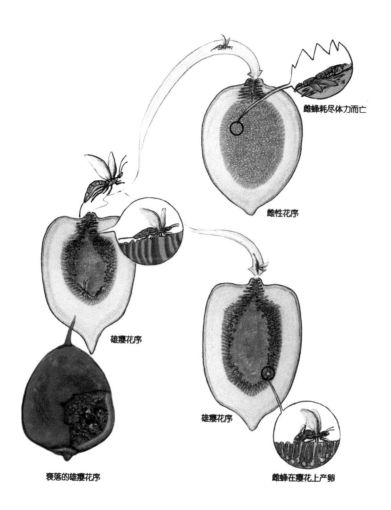

雌蜂耗尽体力而亡

雌性花序

雄瘿花序

雄瘿花序

衰落的雄瘿花序

雌蜂在瘿花上产卵

雌蜂和雄蜂在雄瘿花序中完成交配，雌蜂缓慢爬出来时粘上了花粉，一种可能是飞入一个雌性花序，协助完成花朵的传粉，最后劳累而死；另一种可能是飞入一个雄瘿花序，在底部的瘿花子房内产卵，卵孵化后成熟的蜂雌雄交配又开始下一轮回。

高山上的塔黄

同事从西藏野外归来，与我们一起分享他的所见所闻。高原的低温、大风、强紫外线辐射、贫瘠等恶劣生境是我们有所耳闻的，能够克服重重困难毅然定居山间的植物自然都很不一般。然而当看到那些挺立的黄色宝塔，依然让我们异常震惊：海拔4 000～6 000米的流石滩上，干旱而贫瘠，几座淡黄色的宝塔挺立在寸草不生的碎石之间，就像变魔法似地突然从地底下冒了出来，令人惊叹不已！

那是一种多年生的草本植物，因为开花期间植株呈现塔状而得名塔黄，为喜马拉雅山脉特有种，又称高山大黄。

未开花的塔黄，植株直径可达30～50厘米，茎不分枝；基部的叶片硕大，圆形，绿色莲座状着生在茎基部。经过六七年的生长积累，塔黄才会抽薹开花。

开花时，茎中间会抽出一个黄绿色的宝塔，高达两米，乍一看以为是大花序，其实那是植株叶片特化而成的苞片。一片片淡黄色的苞片相互交错排列，苞片圆形，越往上越小，叠成一座密不透风的宝塔。与很多其他高山植物一样，这种高度特化的宝塔结构犹如一个小小的温室，可以抵御外面的狂风骤雨和夜晚的寒冷，成为青藏高原上的小小避风港。

塔黄的奇特之处，不仅在于其硕大奇怪的外形，更为关键的是"宝塔"里面的"小世界"。剥开覆瓦状排列的苞片，长长的复总状花序出现在眼前，花序上生长着无数白色的小花，定眼细看，还可看到不少忙碌其间的小蝇们。

这种小型双翅蝇是喜马拉雅高山特有的一种尖眼蕈蚊，它与塔黄之间存在着密不可分的互利共生关系。如同丝兰与丝兰蛾的关系，成年的雌雄尖眼蕈蚊在塔黄花序的苞片外面交配，交配后的雌蚊钻进塔黄的花朵，取食花粉（顺便为其传粉）并将卵注入雌蕊的子房里。授粉后的塔黄花朵大量结实，蕈蚊的幼虫在花的子房内发育，并以塔黄种子为食，两者形成特殊的协作共同体，缺一不可。

令人更为惊讶的是，面对喜马拉雅高寒地带如此恶劣的环境，塔黄为保护自身的器官不受伤害，用大而艳丽的苞片将整个总状花序全部保护起来，花序发展到哪个阶段，从外面根本看不出任何迹象。同时高山环境中物种多样性、昆虫数量以及活跃度都较低，植物的传粉受到很大限制，塔黄是如何能够精准地吸引这一类昆虫为之传粉，以做到代代繁荣、生生不息的呢？

原来，塔黄开花时，花朵会散发出一种特殊的香气，吸引着雌性蕈蚊前来为之传粉。最为重要的是，塔黄只有在开花期才能散发出这种香气，一旦花期结束，进入结实阶段，便不再散发出这种香气，这就为传粉者寻找寄主植物和识别花期提供了线索。因此，即使花序被完全封闭和掩藏在塔形苞片下面，传粉者依然能准确收到花的召唤。

花朵完成授粉之后，逐渐发育成果实。塔黄的瘦果具有翅，呈宽卵形。尖眼蕈蚊的卵也在花朵的子房内顺利孵化，幼虫便以周围的种子为食，种子发育成熟之时，也是尖眼蕈蚊幼虫羽化之时。羽化后的成虫便随着种子的散播扩散开来，再去寻找下一朵花。

塔黄利用与昆虫的专一性共生，其结实率可达98%，令人不得不赞叹这种精细合作给塔黄的繁殖带来如此高的成功率。

塔黄成功结实后，不是所有的种子都用来承担种族延续的职责，而是相当一部分种子需要牺牲自我，成为传粉者幼虫的裹腹之物，为传粉者种族的延续作贡献，以培养更多的尖眼蕈蚊为之传粉。每个物种都有无限繁殖后代的欲望，但雌性尖眼蕈蚊会采取节制性的产卵，即在一个子房内仅产一个卵，以控制幼虫对种子的破坏量。

雄性尖眼蕈蚊并不进入宝塔内，而雌性尖眼蕈蚊在宝塔中从一朵花到另一朵花，产卵后两三天便死去。塔黄母株完成繁育种子的使命，也会很快死去，种子则借助于风而传播。

在长期的协同进化过程中，塔黄与尖眼蕈蚊之间形成了一种较为稳定的共生关系，相互依赖，相互制约，维持着一种动态的平衡，使得终生只能依赖种子繁殖的塔黄，生长在恶劣的贫寒之地，依然能世代繁荣，成为喜马拉雅高山上的奇迹。

在自然界中，植物与昆虫之间的这种协作关系仅见于少量的植物类群，如榕属、金莲花属、丝兰属、鸡冠柱属、算盘子属等，虽然它们各自独立进化，但都具有明显的趋同效应。这种共生关系是否能够维持的关键，在于植物能否在物种丰富的地方与其共生昆虫相遇，因此花朵散发的气味成为连接合作双方的关键。通过花散发的气味不同，艾胶头细蛾能够准确地区分寄主植物与非寄主植物。无花果释放出挥发性的化合物不仅仅具有该种植物特有的信息，还能提示花的发育阶段，以免榕小蜂误入已经授粉的无花果。塔黄宝塔内散发出特殊的气味在召唤着传粉双翅蝇的光临……

总之，那些发生花朵里面的故事令我永生难忘。

一株塔黄挺立在西藏高海拔地带的碎石之间，高达两米，淡黄色的苞片覆瓦状排列，叠成一座密不透风的温室。剥开苞片，长长的复总状花序上生长着无数白色的小花，无数尖眼蕈蚊忙碌期间，取食花粉并产卵在子房内，顺便协助传粉。

兰花的欺骗行当

　　昆虫为花儿传粉，让植物延续后代；花儿为昆虫提供花蜜，让昆虫美餐一顿——这是自然界天造地设的公平交易。千百万年来，两者形成了默契的互利合作关系。

　　然而，这种合作关系被一些看似"老实巴交"的兰科植物所利用。它们不产生花蜜，而是满怀诡计，靠花色或香味吸引一些昆虫前来探访并为自己传粉，这就是所谓的欺骗性传粉。

　　早在1862年，进化论之父达尔文对兰花传粉进行仔细观察，并出版专著《兰花的昆虫传粉》，描述了许多兰花与昆虫精巧的传粉机制，但他却忽视了兰花欺骗性传粉的存在。直到1793年，施普伦格尔（Christian Konrad Sprengel）观察兰属植物传粉时发现一些兰花并不给传粉昆虫提供报酬，兰科植物欺骗性传粉的面目才逐渐被揭开。

　　众所周知，植物界的"伪装大师"角蜂眉兰就是这类兰花中的典型代表。它们原生于意大利撒丁岛上，绽放的花朵十分奇特，精致小巧，毛茸茸的唇瓣上分布着棕黄相间的花纹图案，看上去酷似一只埋头采蜜的雌蜂，花朵还散发出类似雌性激素的气味，诱骗雄蜂前来交配。

　　当雄蜂停落在唇瓣上，准备与唇瓣发生交尾行为时，才发现上当，只能悻悻然飞离，可这时花粉块已经紧紧粘在其背部了。当它飞到另一朵角蜂眉兰的花上时，花粉块便会掉落在那朵花的柱头上，异

角蜂眉兰

花传粉便顺利完成了。

与角蜂眉兰的性欺骗传粉方式不同，无叶美冠兰等则采用食源性欺骗来吸引蜜蜂传粉。与其他腐生植物一样，无叶美冠兰具备高度的自交亲和能力，但不能自花授粉，必须依靠外部传粉媒介把花粉送到柱头上，实现有效传粉，而绿彩带蜂就是它唯一有效的传粉昆虫。尽管无叶美冠兰花朵并不产生蜜腺或分泌脂类物质，却在晴朗的天气散发出极具诱惑力的香甜气味，同时唇瓣上具有大块黄色，刺激和诱导绿彩带蜂进入花朵中觅食或携带花粉团访花。

此外，科学家还在巴拿马高地发现一种丽斑兰，小小的花瓣很像雌性蕈蚊，且它还分泌一种气味吸引雄性蕈蚊。雄性蕈蚊急匆匆地飞过来和它交配，等到发现被欺骗的时候，它已经按捺不住地留下精子囊，飞走时顺便带走了兰花花粉团。

为了吸引昆虫的拜访，兰花可谓无所不用其极。

蝴蝶兰的唇瓣具有陷阱结构，会巧妙地使昆虫误入歧途；毛瓣杓兰通过浅黄色的花瓣、叶片和花瓣上的猩红色斑点，以及散发出的霉菌气味，制造被枝孢菌感染的霉斑效果，诱骗以枝孢菌孢子为食的扁足蝇上门传粉，却不给任何报酬。

除了用外貌的模拟，许多兰花还能够使用各种气味信息来达到授粉的目的。大多数兰花在人们看来都是芳香馥郁的，然而有些兰花味道却十分光怪陆离，有的竟然是鱼腥味、烂水果味、蟑螂味甚至腐肉味……这些气味专门吸引那些嗜食腐肉的蝇类和甲虫前来产卵和取食，并"顺便"授粉，这种方式被称为产卵地和食源多重欺骗。

植物学家在野外调查中发现，有种蜘蛛兰长得很像当地某种雌蜂，常常分泌雌性激素吸引雄蜂前来交配，进而达到传粉的目的；澳大利亚还有一种食虫植物毛粘苔，常和蜘蛛兰长在一起。蜘蛛兰通过欺骗手段，吸引传粉者，毛粘苔则直接把传粉昆虫捕捉吃掉，这两种植物长在一起的"合作"方式成为澳大利亚特有的物种间关系。而澳大利亚一种壮丽双尾兰的花朵并不产花蜜，但外形看起来像产蜜的豌豆花，成片开放时常常通过视觉欺骗吸引蜜蜂传粉。

欺骗性传粉是被子植物中一种重要的传粉机制，约有1/3的兰科植物依赖欺骗性传粉，来诱骗"天真"的昆虫实现有效繁殖。因此，欺骗性传粉是兰科植物多样性的重要原因之一。

很多人不解：昆虫难道不能吸取教训下次拒绝访问这种花？频繁

上当的昆虫不会因为耗去太多能量而被自然淘汰吗？

其实，大自然悄然形成了一种极为微妙的平衡。在同一个环境里，往往有大量的兰花或者别的植物充当"老实人"提供真正的合作机制，使得昆虫不会一无所获，大部分昆虫最终找到了合适的食物来源和产卵地，完成生命的延续。而那些靠气味或视觉欺骗的兰花也在这场竞赛中不断完善自己的骗术，最终整个系统越来越趋近于完美的动态平衡。

角蜂眉兰酷似一只雌蜂，会散发出类似雌性激素的气味，诱骗雄蜂前来交配。当雄蜂停落在唇瓣上准备交配时，才发现上当，悻悻然离开，此时花粉粒已经粘在背上了。毛瓣杓兰、无叶美冠兰等也具有这种欺骗性传粉特征。

西番莲与纯蛱蝶的较量

在神奇的自然界，有一种藤本植物的花形态十分奇特，令人过目难忘、形态特异的藤本植物——西番莲。整个花形似时钟，花冠如时钟表盘，流苏状的副花冠犹如表盘上的时间刻度线，中央合生的花蕊和向四周平展的花药则如表盘上的时针和分针。时间似乎被凝固在花开的那一瞬间，因此西番莲常被称为时钟花。

在热带美洲的原野上，一群纯蛱蝶在藤蔓植物群落上空盘旋飞舞，搜索和寻找一种西番莲，一旦发现目标，便俯身冲上去，在叶上产卵。成功繁育后代的纯蛱蝶不但不知恩图报，反而让其幼虫吃了西番莲的叶子，致使西番莲生长减缓。纯蛱蝶野蛮加毁灭的专一性攻击使得西番莲"苦不堪言"。

饱受纯蛱蝶伤害的西番莲为了保护自己，进化出了一种苦味的毒素，驱赶前来啃食的纯蛱蝶，使得纯蛱蝶不再以西番莲叶片为食。

专性寄生西番莲的纯蛱蝶开始面临生存和繁殖危机。后来，少数的纯蛱蝶产生出一种能抵御西番莲毒素的物质，将西番莲啃食成光杆，并迅速繁衍开来。

在这种自然选择的压力之下，有的西番莲"识破"了纯蛱蝶的产卵特点，通过进化使出"新招"，不仅叶片上形成黄色斑块，而且叶柄上的蜜腺稍微隆起形成黄色卵状结构，极似纯蛱蝶产的卵。纯蛱蝶以为同类已然光顾这里，就不来产卵。正当西番莲暗自"窃喜"，纯蛱蝶找遍所有的叶片终于发现上当了，便不顾假卵又来在西番莲叶片上产卵了。

迫不得已，有的西番莲叶片上长出了刺毛，希望困住孵化出来的纯蛱蝶幼虫。纯蛱蝶幼虫爬过时大多数被刺伤或被困死，但有些强壮的纯蛱蝶幼虫皮厚肉粗，根本不惧怕刺毛，成功逃脱。

道高一尺，魔高一丈。西番莲开始使出落叶抗卵奇招，只要感觉到叶片上有纯蛱蝶的卵，就会主动落叶。非常典型的牺牲局部保护整体的高明手段，这种现象也是生物界生存竞争的一个重要法则。但过多的落叶，使得西番莲损耗太大了。

西番莲还试图分泌出一种花外蜜露，引诱蚂蚁和蝇类前来捕食纯蛱蝶幼虫，以"借刀杀人"的手段，达到消灭入侵者的目的，但似乎效果也不佳。有的西番莲甚至将自己的叶片变成类似生境中其他植物叶子的样子，来迷惑纯蛱蝶，试图逃过一劫。

再一次面临危机！少数不畏艰险的纯蛱蝶在寻觅合适的可供产卵的西番莲时，不仅借助敏锐的视觉，还根据气味，找到寄主的大概方位，然后接触物体，用前足"敲击"叶子表面，直接对叶子物质取样进行化学分析以辨真伪。

在长期的演化历程中，西番莲家族成员不断增强抗拒纯蛱蝶产卵和抵抗纯蛱蝶幼虫的能力，推动着纯蛱蝶增强寻找、发现西番莲的能力。它们之间的故事远没有结束，变异与进化的斗争还在继续……

植物-植食性昆虫之间的"军备竞赛"使植物获得防御昆虫的能力，产生了一系列防御植食性昆虫的基因；同时植物在适应昆虫危害过程中，也激活了昆虫自身的遗传变异，两者在长期抗争中共同进化。

自然界中的西番莲家族十分庞大，约有500余种，主要分布在泛热带地区。蜜蜂、黄蜂、蝴蝶、蜂鸟以及蝙蝠等许多动物都分别为不同地区的西番莲传粉。实在不明白，纯蛱蝶为何如此执着于西番莲？一般说来，过多地依赖一类植物，会极易导致它们的灭绝。但实际上，千百年来，它们就这样在斗争中发展着，种间斗争的残酷性成为推动纯蛱蝶和西番莲共同进化的主要推动力。

西番莲的花

千百年来，人们一直认为植物是弱者，总是被虫噬、被啃食、被砍伐、被烧毁……面对周边一切可动之物的侵害，植物看上去似乎毫无办法。但纯蛱蝶与西番莲家族的斗争与进化的故事让我明白：植物并不傻，被逼急了，它们也自有办法！

自然界中的植物，信守着明哲保身的中庸之道，常常是"人不犯我，我不犯人"。但是面对来犯之敌，植物尽管不能通过移动来躲避伤害，但却在长期的生存进化中表现出了种种令人刮目相看的策略，产生了多种多样的物理和化学手段来抵御天敌。

比如，面对纯蛱蝶，西番莲家族不同成员分别通过叶片上产生斑块、叶柄上形成卵状结构、叶边长出刺毛、模拟其他叶形甚至落叶等措施进行物理防御，或者产生毒素等进行化学防御，甚至分泌花蜜采用"借刀杀人"的手段，可谓招数用尽。然而，西番莲的这些招数都被"痴情"的纯蛱蝶一一破解。

植物每一次启动对病虫害的防御反应都要耗掉大量的能量，会直接影响到植物本身的生长，因而是有限度的。这种昆虫与植物间的相互作用是一个动态的持续发展过程，是生物界激烈竞争和生态平衡的结果，最终丰富了自然界的生物多样性。

由于花形奇特，西番莲家族的许多种类已被广泛引种栽培到其他地区。离开了原始生境中与之抗衡的纯蛱蝶，西番莲在环境条件适宜的地方繁衍开来，逸为野生。

为了阻止纯蛱蝶毁灭性地取食西番莲叶片和产卵，西番莲家族成员先后采取叶片上产生斑块、落叶抗卵等物理手段和产生毒素等化学防御方式，但都被纯蛱蝶——破解，两者在长期的较量中共同向前进化。

带毒的乳草

看过美国3D纪录片《生灵之翼》（*Wings of Life*）的人们不会忘记，那数百万只色彩鲜艳的帝王蝶聚集枝头，然后向南长途迁徙的壮观画面，还有帝王蝶在马利筋的叶片背面产卵、孵化以及羽化成蝶的高清画面。

帝王蝶又名君主斑蝶、黑脉金斑蝶、大桦斑蝶，是栖息在北美的身体硕大的蝴蝶，被誉为美国的国蝶，最早在1735年林奈的《自然系统》（*Systema Naturae*）里就有描述。

帝王蝶是世界上最大的周期性迁徙的昆虫。不同于其他的蝴蝶，帝王蝶会成群飞往温暖的地方越冬。美国中北部和加拿大南部的帝王蝶，会迁徙到加利福尼亚州南部和墨西哥湾。

每年10月，加拿大大约有1.5亿只帝王蝶聚集，金黄色的帝王蝶密密麻麻布满了整个枝头，整个树林层林尽染。集结后的帝王蝶陆续起飞，向南飞行长达5 000公里，历时两个月，抵达墨西哥的马德雷山区，在丛林过冬、取食和繁殖。到来年3月，帝王蝶又会不远万里向北飞回加拿大。与鸟类不同，帝王蝶的寿命仅2～8周，往往难以完成整个长途迁徙，它们会在旅途中繁衍和死去，由其后代来继续这一历程，因此，到达北方根据地的蝴蝶往往已是南部飞出蝴蝶的第三或第四代。整个一次迁徙过程往往需要五代蝴蝶来完成。帝王蝶的这种迁徙习性，被誉为世界一大自然奇观。

小贴士

花期的马利筋 Asclepias curassavica，由 10 ～ 20 朵花组成聚伞花序，花蕾如一颗颗红玛瑙。花开时，最外面的花冠红色，反折，里面的副花冠合生成兜状，黄色，十分艳丽，是一种极好的观赏植物，被引种到整个泛热带。马利筋还是重要的药用植物，其属名为 Asclepias，而 Asclepius 是希腊神话中的药神阿斯克勒庇俄斯的名字，相当于中国的神农氏。

在这一大迁徙中，马利筋是一位不可或缺的主角。它原产美洲热带，是萝藦科一类常绿的多年生灌木，披针形叶片在茎上成对着生，全株含有乳白色的汁液，如同牛奶一般，故又被称为乳草。由于墨西哥冬天的温度极少低于零度，马利筋能够在墨西哥全年生长和开花。马利筋的蓇葖果成熟后会裂开，种子棕黑色，顶端有白色绢质种毛，如同降落伞一般，随风飘飞，到处播种。因此，在墨西哥的土地上，可以看到大片大片开着花的马利筋。

美丽的花朵分泌甜甜的花蜜，吸引远道而来的美丽传粉者。千里迢迢从北方飞来的帝王蝶们已经精疲力竭了，需要补充能量，马利筋成了它们的最佳选择。饱食美味的花蜜后，帝王蝶顺便协助马利筋完成传粉。

在温暖的墨西哥，帝王蝶完成产卵、孵化、取食等一系列繁殖过程，而马利筋是其唯一的宿主植物。

每年的二三月，雄蝶将雌蝶凭空拎起，带到隐蔽的地面，交配后

马利筋花朵

的雌蝶在马利筋植株的叶背产卵（而且只在马利筋叶背产卵），每只可产400只卵，4天后孵化，幼虫以马利筋植物叶片为食。两周后，成功躲避其他动物捕食的幼虫开始化蛹，倒挂在马利筋的叶片背部。又过了两周，成虫从蛹中钻出来，开始化蛹成蝶，抖抖背部的翅膀，展翅飞翔，向北飞往美国北部和加拿大。

然而，美丽的花朵背后却隐藏着杀机。马利筋是美洲著名的有毒植物，含有高浓度的毒性化学物质——马利筋强心苷，全株有毒，尤以乳汁毒性较强，家畜等动物食用后引起呕吐甚至死亡，使得寄生虫等躲犹不及。

帝王蝶全然不怕，不仅享受带毒的美味，还将卵产在马利筋的叶背，以保护后代免受寄生虫之害。当帝王蝶幼虫吃了马利筋属的植物后，毒性物质集聚体内，连鸟都不敢吃它。因此，体内的毒素反倒成了帝王蝶更好的防御武器，可避免某些捕食者的侵袭，其巨大的黄色警示标志成为警告掠食者的警戒色。

在长期的生存进化中，帝王蝶只在马利筋叶片上产卵，幼虫也仅取食马利筋的叶片，可以说，没有了马利筋，帝王蝶将不复存在。帝王蝶的活动促进了马利筋的异花授粉，但马利筋的传粉似乎并不只依赖于帝王蝶，蜜蜂等也是其友好合作对象，有效地保障了自身种族的繁衍。

近年来，在墨西哥，人们发现帝王蝶这一生态健康的标志性景观越来越少见。世界自然基金会（WWF）墨西哥分部与帝王蝶生物圈保护区联合进行调研发现，尽管非法砍伐树木以及恶劣的天气也是造成帝王蝶数量下降的原因，不过主要原因在于农场主大范围使用草甘膦等除草剂，使得马利筋的数量明显下降，而以马利筋为唯一宿主的帝王蝶也面临危机，近几年迁徙的数量急剧减少。

对这种金色的帝王蝶来讲，生存是整个群体的努力。

马利筋是美洲著名的毒性植物，全株含有乳白色的汁液，故又称乳草，是帝王蝶完成产卵、孵化、取食等唯一的宿主植物。

"芋叶怪圈"之谜

　　提起热带雨林的林下植物，人们很自然地想起海芋、春羽、龟背竹等大叶植物。叶片大的优势是可以捕捉更多的太阳光，但却经常面临瓢泼大雨的伤害。在长期进化中存活下来的龟背竹叶片不仅深裂，中间还有穿洞（形似龟背），以降低雨水对叶片的冲击力。即便离开了它们所生存的原生环境，龟背竹叶片中间的那些空洞依然存在，成为龟背竹叶片最显著的形态识别特征。

　　然而，自然界中，还有一种植物有穿洞，虽不能遗传，却时常可以见到。

　　一次海南野外植物科考途中，几张布满圆洞的野生海芋叶片吸引了我的注意力。很显然，海芋的叶片原本是没有洞的！我递给同行的伙伴看，她简单而轻松地说了一句——"被虫吃了的呗！"

　　是的，被虫吃了。可问题的关键是，一般叶片被取食都是从叶片边缘开始，然后逐渐伸向中间和基部，直到吃光光。眼前这些叶片完全不同，几乎所有的空洞都出现在两根粗壮的侧脉之间，侧脉完好无损，而且空洞呈现较规则的圆形，大小相似。乍一看，还以为哪家顽皮的小孩用环刀切割的呢！可惜，这时的我因为考察任务在身，未能有足够时间来蹲点连续观察。

　　依稀记得，曾经在《雨林故事》电子杂志上看到一篇文章，也报道了这种虫洞现象。当时为了弄明白"作案"的真正"元凶"，原文作者经过数小时的蹲点，用照片记录了一只黄色的叶甲在海芋叶背"画饼"充饥的全部过程。

这种虫洞的出现并非个例，在很多其他地方的野生海芋叶片也时常被发现，有人称这种现象为"芋叶怪圈"。

难以想象，半夜三更，一只小甲虫竟能够准确找准叶片侧脉之间的位置，在没有圆规的情况下竟然能切割得如此圆，难道它是一只功能特异的小精灵么？为何小甲虫要费力地切成叶饼再吃？

研究发现，原来海芋叶片里含有一种毒素，或释放有毒的氰化物，用来抵御动物的取食。一旦叶片遭到取食，植物便会迅速地释放毒素，通过叶脉运输到啃食现场。如果昆虫进食较慢，毒素便源源不断地聚集，叶片变得苦涩，取食的动物很快会出现中毒反应，而停止取食。

为了吃到大而美味多汁的海芋叶片，甲虫们逐渐发现，如果能够避开叶脉，切下叶片再吃的话，可以减少毒素进入体内。于是下颚强健的个体会利用自己发达的下颚切割下叶片取食，在竞争中取得优势。无数代下来，这一取食方法成为甲虫们的活命"法宝"，广泛使用开来。

科学家在《热带生物学》（Biotropica）上描述了另外一种甲虫——锚阿波萤叶甲在海芋叶上面画圈圈的现象。这种叶甲画的圈圈直径有3厘米那么大。有趣的是，它竟然采取了三个步骤才把圆圈画好：第一次仅是在叶片表皮上画下痕迹，算是打个草稿，没有伤到叶肉，这样不会引起叶片防御；第二次也只把叶片角质的表皮割裂，同样没有伤到叶肉，没有引起防御反应；最后，果断地把叶肉剪断，取下"叶饼"，慢慢享用。

切割下不含粗大叶脉的叶片就好，为什么还要那么在乎"叶饼"

的形状呢？难道它们也知道"同等周长，在所有图形中只有圆的面积最大"这一数学真理？这样的话，它们就可以最小的付出得到最大的收获，即切割同样长度，得到最大面积的叶片！

自然界中，与产生毒素来防御动物捕食的海芋相似的，还有很多植物也会在遭到啃食以后释放毒素或气味，阻止动物取食，或及时提醒周边同类也产生毒素。

也许此刻海芋正在思索着下一步如何防御叶甲，而叶甲在持续的进化过程中将通过更加灵活多变的取食行为来破解海芋的防御绝招，两者展开拉锯式的大战。

我们身边或许有很多这样的例子在悄悄地上演，只要用心观察，就会有发现。

三 步 曲

海芋叶片一旦遭到取食，会迅速地释放一种毒素，阻止昆虫继续取食。叶甲趁着夜色，悄然来临，采用"画饼"三部曲，准确地避开粗大的侧脉，迅速地切下圆形叶肉，慢慢享用。第二天，海芋叶片上便多了许多圆形的空洞，这便是"芋叶怪圈"。

金合欢树上的烽火台

　　东非的大草原上，长颈鹿和金合欢树是一对欢喜冤家。长颈鹿最爱吃金合欢树的叶子，而金合欢树也因长颈鹿而不断地自我更新、优化物种。

　　金合欢树的叶片很小，白天不容易失去水分。当夜晚到来时，为了防止水分蒸发流失，它们的叶子会合拢收缩，到了白天再张开进行光合作用。每当草原进入旱季，其他树的叶子都开始发黄掉落，金合欢树利用自己独特的储水方法，在干旱的季节存活了下来，并长出新叶。

　　大量的羚羊、角马和斑马，几乎吃光了草原上的草。金合欢的树叶特别多汁、鲜嫩且特别甘甜，在干旱的季节尤为诱人。

　　在激烈的食物竞争中，长颈鹿选择了向更高层次发展。它们充分利用自己身高的优势，挑中了金合欢树高处幼嫩的树叶。但是想吃到金合欢树上的叶子可不是一件容易的事情，因为这不是一般的动物能够驾驭得了的。

　　为了让好不容易长出的树叶不被啃食，金合欢树的树枝上长满了长达五六厘米的刺，摸上去既坚韧又尖锐，一不小心就能扎破皮肤！而且刺长得是360度全方位、多角度、多层次的，这可不是一般的动物能下得了口的！但是在生存竞争中取胜的长颈鹿做到了，因为它的舌头既细又长，可以非常轻松地从侧面灵巧地把这些小叶子卷住，把叶子从刺中剥离出来。更重要的是，长颈鹿的舌头上有一层厚厚的皮质，可以免于被刺刺伤。

面对长颈鹿这样强有力的对手，金合欢树"不甘示弱"，在进化中不断寻找新的自救方法。一旦长颈鹿开始在一棵树上吃叶子，十分钟内这棵树就开始在叶子里分泌一种苦味的液体，动物吃了会有强烈的恶心感，于是不得不停止进食。

金合欢树的这种特性，一定程度上保护了自身不受动物的破坏。对此，聪明的长颈鹿也逐渐有了新对策：它们在同一棵金合欢树啃吃叶子的时间从不会超过十分钟，一旦尝出毒素的苦味，就会寻找下一棵树。

不让长颈鹿的美餐得逞，金合欢树又有了新的应对办法。一般说来，草原上有很多树都是一棵一棵独立生长的，它们之间的生长距离相对比较远，因为这样可以充分吸收有限的水分。金合欢树却是个例外，它们不喜欢这样"独善其身"，而是彼此之间距离较为紧密，当动物啃噬某棵金合欢树上的树叶时，这棵树会释放出一种毒素，同时会释放一种"警告"的气味，向周围的同伴发出"敌人来了"的信

小贴士

1937年，德国科学家莫利许（H. Molisch）首次提出**化感作用**这一概念，由"Allelon"（意为相互）和"Pathos"（意为忍受痛苦）两个希腊词根组成，用"Allelopathy"专有词汇表达化感作用的概念，使得在很长一段时间里，科学家们一直关注着植物之间相互有害的化学关系，很少考虑植物之间有益的化感作用。1984年莱斯（E. L. Rice）在他的经典著作 *Allelopathy*（第二版）中将植物化感作用定义为："植物通过向环境释放化学物质而对其他植物产生有益的或有害的作用。"

号。借着风势，50米开外的树都会接收到这样的警报，它们会立刻同时释放出毒素。但长颈鹿也机灵异常，它们一旦发觉一棵树的叶子开始变苦，就会逆着风向去寻找还没有接收到信号的那些金合欢树。

长颈鹿和金合欢树的战争从未停止，但它们却在漫长的斗争中渐渐学会了和平相处、彼此相依。长颈鹿和金合欢树是相互吸引的，当长颈鹿食用金合欢树叶子的时候，可以吃掉那些多余和干枯的叶子，而这也促进了新叶子的生长。

从两者之间的长期较量可以看出，金合欢除了产生尖锐的长刺，迅速分泌苦味的毒素防止树叶被采食，还同时散发一种特殊的气味，告诉周围其他同伴，也紧急分泌苦味的毒素，这种现象被称为化感作用。早在公元1世纪时，古罗马博物学家普林尼（Gaius Pling）就曾在他的《自然史》（*Naturalis Historia*）一书中提出疑问："胡桃树下为什么不长草？"

但这个千古之谜，到了20世纪30年代才被揭开。原来胡桃树叶、树皮能释放出水溶性葡萄糖胡桃醌，被雨雾淋溶到地上后，经土壤微生物作用水解成毒性的胡桃醌而杀死树下其他植物。300年前，日本学者也曾报道日本红松的叶子在雨露淋溶下产生的有害物质使得周边不能种庄稼。

在相当多的植物中出现了这种植物化感作用。例如，甘蓝等十字花科植物会分泌一种芥子油的化学物质，吸引着一群白蝴蝶来充当它的传粉"红娘"。传粉问题解决了，它们却不得不面临被白蝴蝶的子女——菜青虫啃食殆尽的危险，这时它机灵地发出一种求救信号——释放某种化学物质，"喊"来一种寄生蜂作为帮手。这种寄生蜂会将卵产在菜青虫的身体里，控制着菜青虫肆无忌惮的啃食，从而有效地保护了自己。

　　没有了长颈鹿的"舌头"危机，"和平年代"的金合欢树是否还记得当年烽火台上的烟火？

　　为了防御被啃食，金合欢树的树枝上长满了尖锐的长刺、叶子分泌苦味的液体、释放出毒素向"同伴"发出警告等方法，都被长颈鹿一一化解，两者在长期的博弈中共同进化。

有远见的吃货

随着人们对吃食越来越讲究，吃货成了人们口中常常出现的不褒不贬的嗔怪之词，"foodie"一词也开始在英文中出现。

自然界中，植物们用花粉和花蜜犒赏动物们，借此完成传粉，以产生种子繁衍后代。不同植物种子散播途径不同，除了借助自身弹力、风、水流或勾刺的勾搭之外，很多植物的果实会依靠光亮的色泽、鲜美的味道和丰富的营养吸引动物的啃食，并借助动物的移动来散播种子。于是，各种动物吃货诞生了。

橡子（通常指壳斗科栎属植物的坚果）便是这样一类受动物欢迎的果实，因为富含大量淀粉、蛋白质等营养物质，深受啮齿动物、象鼻虫等昆虫、鸟类甚至哺乳动物的喜爱。

栎属植物广布北半球，是森林生态系统的优势物种之一。然而喜食橡子的动物也非常之多，橡子有被取食殆尽的危险。为了逃避动物吃货的过度采食，不同的栎属植物进化出了不同的防御机制，双方在长期的进化过程中达成了默契。现在从橡子与动物的博弈出发，一起来揭开这层神秘的面纱。

所有橡子都有一个漂亮的外套，称之为壳斗，外面覆瓦状排列着或鳞形或钻形或刺形的小苞片，而且大部分橡子的果壁也相当厚实，用以抵御动物的啃食，所以小动物们经常会半途而废。此外，同一棵树上结出的橡子往往在大小上变化幅度很大，动物（如小松鼠）在储

槲栎果实

藏食物越冬时，它们往往选择那些大的橡子，而那些小的橡子就被直接吃掉或得以幸免，那些幸免于难的橡子使物种繁衍得到基本保障。胚芽是种子最重要的结构，橡子为了躲避动物取食过程对胚芽的破坏，它们胚芽的位置也存在多种多样的变化，以免被动物吃货们"一网打尽"。

除了靠外在形态上的变化来抵御动物的取食外，橡子在进化中还选择了从味道上来躲避动物（可称之为化学防御）。我们不喜欢吃苦涩的食物，动物亦是如此，植物便"抓住"了动物的这一特点，保护自己的子孙后代。许多橡子的化学成分中含有大量的鞣质（单宁），使橡子吃起来非常苦涩，易被动物放弃。这样的橡子从而躲过动物的取食，成功地存活下来。

植物的智慧无穷无尽，每一种植物总能找到适合自己生存的方式。有些橡子没有很好的形态防御和化学防御，那它们是怎么存活至今的呢？橡子躲避动物采食进化出了生理防御。橡子在成熟以后迅速萌发，让胚芽脱离橡子，尽快地生根发芽，完成自己的使命。

橡子与动物协同进化，互惠互利。动物对果皮的啃食，能够加速种子萌发的速度，躲避一些不利的环境因素。松鼠等啮齿类动物常常将吃剩的橡子储存在地下作为越冬的食物，并去除其苦味。这些存储的橡子大部分被动物过冬时消耗掉。只有少部分埋在地下的橡子被"遗忘"，春天到来时，在与它们母树相隔甚远的地方生根发芽。动物吃货的储藏行为，在一定程度上扩大了橡树的分布范围，拓宽自己的种群。

一颗小小的橡子，为了躲避动物的取食不断地进化出新花样；同时它们也依赖着动物的取食给自己带来更好的生存契机和生活环境。

所有的植物都有繁衍和扩展的强烈愿望，可不能移动的它们又如何扩大"地盘"呢？一般说来，未成熟的果实多为绿色，隐在树叶中不易被发现，这是因为这时种子尚未发育成熟，动物的介入只能给植物带来损失。种子一旦成熟，果皮很快变黄，醒目的颜色向以之为食的动物们发出邀请："快快来吃我呀！"林中的山雀、野鼠等动物们倾巢而出，似要将果实一扫而空。

植物为动物提供美味的果实，动物取食果实后将种子排泄到新的地方，一段时间后种子发芽。正是这简单的过程使许许多多植物得以延续和扩展下来。在热带雨林中，大约70%的植物依赖动物传播种子。

非洲南部的很多植物都会借助蚂蚁当信差。它们在种子的顶端布置一层富含蛋白质、甜甜的果肉，让蚂蚁欲罢不能。当蚂蚁们费尽周折，将种子搬送到地下储藏起来后，蚂蚁们不喜欢吃的那部分就在安全、潮湿的地下等待着发芽了。种子也因此成功地避开了在地面被啮齿类动物啃食干净的命运。

动物们有意或无意储藏果实的行为使之成了有远见的吃货，植物们世世代代繁衍生息，吃货们的子子孙孙才能永享美食。植物与动物之间的协作关系是一个永恒的话题。

松鼠会将吃剩的橡子埋藏在地下作为越冬的食物，少量被松鼠遗忘了的橡子们便生根发芽。

揭开生死守护之谜

植物与动物之间为了各自的利益，相互协作，共同进化，形成相互依存的关系。一旦利益共同体中的一方受到威胁，另一方会如何表现呢？举两个例子来看看。

卡伐利亚树，又称大颅榄树，一种属于山榄科热带高大乔木，树高可达30米，是印度洋毛里求斯岛的特有种。渡渡鸟（dodo），又称愚鸠或嘟嘟鸟，也是印度洋毛里求斯岛特有种，不会飞，体型肥大，步履蹒跚，再加上一张大大的嘴巴，实在憨态可掬，性情温顺但行动笨拙。

16世纪初，毛里求斯岛上。卡伐利亚树与渡渡鸟一起过着美好日子，那时的渡渡鸟在卡伐利亚树的荫蔽下，嚼着卡伐利亚树提供的美味的果实，悠闲地踱步。渡渡鸟消化后排出的卡伐利亚树种子在肥沃的养分中愉快地发芽和生长。

然而葡萄牙和荷兰殖民者的到来，使得渡渡鸟开始遭受灭顶之灾。1861年，当殖民者"砰——"的一声枪响后，世界上最后一只渡渡鸟倒在卡伐利亚树下的血泊之中，从此渡渡鸟这个笨重可爱的物种从这个世界上消失了！令人惊讶的是，人们从此再也没有看到渡渡鸟最亲密的伙伴——卡伐利亚树的种子发芽！

此后两百多年时间里，卡伐利亚树的数量开始急剧减少。由于它们的果壳坚硬，种子难以在自然条件下发芽繁殖，而且木质坚硬细密，被大量砍伐用于商业，岛上残存的卡伐利亚树寥寥无几，而且都是一些百年老树。科学家们为卡伐利亚树的前景感到焦虑，他们曾用各种方法处理植物的种子，试图促使它们发芽，可惜都失败了。

直到1981年，美国生态学家坦普尔教授来到毛里求斯岛上研究这种卡伐利亚树的年轮，发现渡渡鸟灭绝之日也正是卡伐利亚树绝育之时！他推测只有经过渡渡鸟肠胃消化的卡伐利亚树种子才能发芽，于是选取了一种与渡渡鸟习性相近的火鸡，强迫其吃下卡伐利亚树的果实，经过火鸡的肠胃消化，排出体外的种子真的长出了新芽！

而且令人欣慰的是，如今毛里求斯的人们已采用科学的方法磨薄卡伐利亚树的果壳，成功地培育出大量树苗，将这个物种从灭绝的边缘拉了回来。此外，在尼泊尔密林中生长着一种特瓦树，我国称之为滑桃树。当它的果实成熟后落地，如果缺乏充足的阳光果实就会腐烂，它们的种子也无法在阴暗处发芽，除非种子被其他动物带到丛林外的开阔地带才可能发芽。

幸运的是，森林中生活着一种大型动物——印度犀，犀牛酷爱这种特瓦树的果实。印度犀的生活极其有规律，白天它们吞食特瓦树的果实，一到傍晚，便会离开密林前往河畔开阔的草地栖息，在草地上排出特瓦树的种子。

种子在犀牛的粪便中发芽，成长，当草地变成茂密的树林，特瓦树的种子再度面临同样的问题，继续期待着犀牛们的帮忙……经过数百万年的演化，特瓦树与犀牛的关系已经密不可分，大型动物印度犀的数量决定着特瓦树这个物种的命运！

自然界中，会有不少同一生境两个不同物种的相互依存的例子，这两个典型案例再一次告诫我们：物种之间不是孤立的，而是彼此密切联系的，一个物种的消失往往会威胁到其他更多物种的生存！而且，物种的消失甚至会影响到人类的生存。

憨态可掬的渡渡鸟以卡伐利亚树的果实为食，消化后排出的种子在肥沃的土壤中生根发芽。1861年，当世界上最后一只渡渡鸟倒在树下，卡伐利亚树种子在自然状态下再也没发芽。

延伸阅读

1. Charles D. The various contrivances by which orchids are fertilized by insects. Hardpress Publishing.

2. Hettenhausen C, Li J, Zhuang H F, et al. 2017. stem parasitic plant Cuscuta australis (dodder) transfers herbivory-induced signals among plants. PNAS. 114(32): 1−7.

3. Koch G W, Sillett S C. 2004. The limits to tree height. Nature, 428: 851−854.

4. Luo S X, Yao G, Wang Z W, et al. 2017. A novel, enigmatic basal leafflower moth lineage pollinating a derived leafflower host illustrates the dynamics of host shifts, partner replacement, and apparent co-adaptation in intimate mutualisms. The American Naturalist, 189(4): 422−435.

5. List of extinct plants. Wikipedia. https://en.wikipedia.org/wiki/List_of_extinct_plants, (2017−3−13).

6. Sun S. 2011. Why do stigmas move in a flexistylous plant? Journal of Evolutionary Biology, 24（3）: 497−504.

7. Wang R W, Derek W. 2014. Discriminative host sanctions in a fig-wasp mutualism. Ecology, 95: 1384−1393.

8. Wang C X, Yan Y H. 2016. A case of background matching in the Caterpillars of Xenotrachea (Lepidoptera, Noctuidae) with the Fronds of Polypodiodes amoena (Polypodiaceae). The American Fern Society, 106(3): 223−226.

9. Wang R W, Dunn D W, Sun B F. 2015. Discriminative host sanction together with relatedness promote the cooperation in fig/fig wasp mutualism. Journal of Animal Ecology, 84(4): 1133−1139.

10. Zhang B. 2011. Functional implications of the staminal lever mechanism in Salvia cyclostegia (Lamiaceae). Ann Bot, 107 (4): 621−628.

11. 阿蒙.这小锤锤，两千年前就由羊驮着入侵了中国！引自《物种日历》微信公众号（2017−2−23）.

12. 艾米·斯图尔特（著）.王紫辰（译）.2015.了不起的地下工作者——蚯蚓的故事.北京：商务印书馆.

13. 巴顿等（著）.宿兵等（译）.2010. 进化.北京：科学出版社.

14. 查理·达尔文（著）.钱逊（译）.2014. 物种起源.南京：江苏人民出版社.

15. 沙曼·阿普特·萝赛（著）.钟友珊（译）.2017. 花朵的秘密生命：一朵花的自然史.北京：北京联合出版公司.

16. 龚春梅等.2009. C3和C4植物光合途径的适应性变化和进化. 植物生态学报, 33（1）: 206−221.

17. 顾洁燕，徐蕾. 2017. 植物不简单. 上海：上海科技教育出版社.

18. 亨利·戴维·梭罗（著）.江山（译）.2014. 种子的信仰.北京：东方出版社.

19. 克里斯·布斯克尔（著）.徐纪贵（译）.2014. 达尔文对我们世界观的影响.成都：四川人民出版社.

20. 克里什托夫·科利尔，巴瑞·托马斯（著）.王祺和高天刚（译）.2014.植物化石——陆生植被的历史.桂林：广西师范大学出版社.

21. 进击的多肉. 2017. 孙猴子变的兰花？呔！

你这呆子想啥呢! 引自《物种日历》微信
公众号（2017-8-20）.

22. 理查德·道金斯. 2012.自私的基因. 卢允
中,张岱云,陈复加,罗小舟,译.北京：中
信出版社.

23. 李承森. 1994. 生物进化的重大事件——
陆地植物的起源及其研究的新进展. 中国
科学基金：238-244.

24. 李梅. 2013. 花儿也会变脸——千奇百怪
的植物世界. 北京：人民邮电出版社.

25. 李璐. 2017. 植物新语——彩云之南. 上
海：上海科学技术出版社.

26. 苗德岁. 2014.物种起源（少儿彩绘版）.南
宁：接力出版社.

27. 南茜·罗斯·胡格（著）.阿黛（译）. 2016.
怎样观察一棵树.北京：商务印书馆.

28. 乔纳森·西尔弗顿.2014.种子的故事.徐嘉
妍,译.北京：商务印书馆.

29. 乔治·威廉斯. 2001.适应与自然选择.陈蓉
霞,译.上海：上海科学技术出版社.

30. 祁云枝. 2014.枝言草语——植物让人如此
动情.西安：西安电子科技大学出版社.

31. 祁云枝. 2015.植物智慧——漫画聪慧的植
物.西安：陕西新华出版传媒集团＆科学

技术出版社.

32. 任东,洪友崇. 1998. 被子植物的起源——
以喜花虻类化石为据.动物分类 学报.23
（2）：212-223.

33. 商辉,严岳鸿.2014.昆虫幼虫对凤尾蕨属
植物孢子囊群的拟态.自然杂志. 36（6）：
426-430.

34. 沈从文. 2016. 边城. 武汉：长江文艺出
版社.

35. 索尔·汉森. 2017.种子的胜利.杨婷婷,
译.北京：中信出版集团.

36. 谭微. 2014.华莱士与达尔文的自然选择理
论之比较.上海师范大学硕士学位论文.

37. 殷学波,马清温,徐景先. 2008.植物的生存
之道.北京：中国科学技术出版社.

38. 张大勇.2004.植物生活史进化与繁殖生态
学.北京：科学出版社.

39. 张自斌,杨媚,赵秀海,等. 2014.腐生
植物无叶美冠兰食源性欺骗传粉研究. 广
西植物,34（4）：541-547.

40. 周伟,王红. 2009.被子植物异型花柱及其
进化意义.植物学报, 44（6）：742-751.

41.《植物进化历程》编写组.2012.植物进化
历程.广州：世界图书出版公司.

中文名和学名对照

地钱 *Marchantia* sp. 26，166

金发藓 *Polytrichum* sp. 26，46

李氏果 *Leefructus mirus* 29，30

库克逊蕨或光蕨 *Cooksonia* sp. 35

莱尼蕨 *Rhynia* sp. 35，37

工蕨 *Zosterophyllum* sp. 36，37

封印木 *Sigillaria* sp. 36，37

鳞木 *Lepidophyte* sp. 36

芦木 *Calamite* sp. 36

海伦娜橄榄 *Nesiota elliptica* 36，37

落羽杉 *Taxodium distichum* 42

水松 *Glyptostrobus pensilis* 42

海桑 *Sonneratia caseolaris* 42

秋茄树 *Kandelia obovata* 42

四数木 *Tetrameles nudiflora* 42

大豆 *Glycine max* 42，74，90，93

松属 *Pinus* 42

桤木 *Alnus* 42

锦屏藤 *Cissus sicyoides* 43

榕树 *Ficus microcarpa* 42-45，189，192

黄葛树 *Ficus virens* 43

贝母兰 *Coelogyne cristata* 44

石斛 *Dendrobium nobile* 44，181，183

无根藤 *Cassytha filiformis* 44，91

菟丝子 *Cuscuta chinensis* 44，53，90-93

天麻 *Gastrodia elata* 44，95，98，155

铁兰 *Tillandsia* sp. 44

龙葵 *Solanum nigrum* 46

木棉 *Bombax ceiba* 46，51

番茄 *Lycopersicon esculentum* 47

北美红杉 *Sequoia sempervirens* 47

望天树 *Parashorea chinensis* 48

波罗蜜 *Artocarpus heterophyllus 50* 48

神秘果 *Synsepalum dulcificum* 48

海芋 *Alocasia odora* 48，79，81，213-216

扁担藤 *Tetrastigma planicaule* 48，147

蝎尾蕉 *Heliconia metallica* 48，118

鹿角蕨 *Platycerium* sp. 48

鸟巢蕨 *Asplenium* sp. 48

爬山虎 *Parthenocissus tricuspidata* 49，50，52

凌霄 *Campsis grandiflora* 50，51

常春藤 *Hedera nepalensis* var. *sinensis* 50，80

黄瓜 *Cucumis sativus* 50，53

豌豆 *Pisum sativum* 14，50，116，200

白藤 *Calamus tetradactylus* 50

猪殃殃 *Galium aparine* 50

铁线莲 *Clematis florida* 50

旱金莲 *Tropaeolum majus* 50

牵牛 *Ipomoea nil* 51，53，54，57

紫藤 *Wisteria sinensis* 51，54

草莓 *Fragaria ananassa* 51

积雪草 *Centella asiatica* 51

无茎草 *Phacellaria* sp. 51

蒲公英 *Taraxacum mongolicum* 51，157-159，161，162

车前 *Plantago asiatica* 51，56，59，119

豇豆 *Vigna unguiculata* 53

扁豆 *Lablab purpureus* 53

马兜铃 *Aristolochia debilis* 53

菟丝子 *Cuscuta chinensis* 44，53，90-93

南蛇藤 *Celastrus orbiculatus* 53

猕猴桃 *Actinidia* sp. 53，162

葛 *Pueraria montana* 6，53

金灯藤 *Cuscuta japonica* 53

葎草 *Humulus scandens* 54，57

金银花（忍冬）*Lonicera japonica* 54

五味子 *Schisandra chinensis* 54

啤酒花 *Humulus lupulus* 54

木防己 *Cocculus orbiculatus* 54

紫藤 *Wisteria sinensis* 51，54

多花紫藤 *Wisteria floribunda* 54

绶草 *Spiranthes sinensis* 55，57

何首乌 *Fallopia multiflora* 55

薇甘菊 *Mikania micrantha* 55，68

齿钮扣花 *Hibbertia dentate* 55

向日葵 *Helianthus annuus* 59，61

雏菊 *Bellis* sp. 59

瓷玫瑰（火炬姜）*Etlingera elatior* 59

巨人柱 *Carnegiea gigantean* 63

松露玉 *Blossfeldia* sp. 63

仙人掌 *Opuntia* sp. 62-71，75，78，187

胭脂虫 *Dactylopius coccus* 66，67

仙人掌螟蛾 *Cactoblastis cactorum* 67，68

加拿大一枝黄花 *Solidago canadensis* 67

凤眼蓝（水葫芦）*Eichhornia crassipes* 68

空心莲子草 *Alternanthera philoxeroides* 68

飞机草 *Chromolaena odoratum* 68

豚草 *Ambrosia artemisiifolia* 68

紫茎泽兰 *Ageratina adenophora* 68

瓦松 *Orostachys fimbriata* 70-73，75，77

凤梨 *Ananas* sp. 44，71

长寿花 *Narcissus jonquilla* 71

紫背竹芋 *Stromanthe sanguinea* 76

合欢 *Albizia julibrissin* 76

桉树 *Eucalyptus robusta* 76

光棍树 *Euphorbia tirucalli* 78，79，81，86

龟背竹 *Monstera deliciosa* 79，82，213

春羽 *Philodenron selloum* 79，81，213

喜林芋 *Philodendron* sp. 79

菩提树 *Ficus religiosa* 79

荠菜 *Capsella bursa-pastoris* 80

慈姑 *Sagittaria sagittifolia* 79

台湾相思 *Acacia confusa* 80

紫萁 *Osmunda japonica* 80，111

常春藤 *Hedera nepalensis* var. *sinensis.* 50，80

鹅掌楸 *Liriodendron* sp. 80，81

斜叶榕 *Ficus tinctoria* 80

构树 *Broussonetia papyrifera* 80

克鲁兹王莲 *Victoria regia* 82

亚马逊王莲 *Victoria amazonica* 82

槲寄生 *Viscum coloratum* 86-89，91

槲树 *Quercus dentata* 86

枫杨 *Pterocarya stenoptera* 86，158

榆树 *Ulmus pumila* 86，158，161

椴树 *Tilia tuan* 86，158

槲鸫 *Turdus viscivorus* 88

桑寄生 *Taxillus sutchuenensis* 51，89

柿寄生 *Viscum diospyrosicola* 89

梨果寄生 *Scurrula atropurpurea* 89

荨麻 *Urtica fissa* 90，119

列当 *Orobanche coerulescens* 91

肉苁蓉 *Cistanche deserticola* 91，92，155

锁阳 *Cynomorium songaricum* 91，92，155

水晶兰 *Monotropa uniflora* 94，97

松下兰 *Monotropa hypopitys* 94

天麻 *Gastrodia* sp. 44，95，98，155

无叶美冠兰 *Eulophia zollingeri* 95，199，202，229

尾萼无叶兰 *Aphyllorchis caudate* 95

丹霞兰 *Danxiaorchis singchiana* 95

猪笼草 *Nepenthes* sp. 98-101

瓶子草 *Sarracenia* sp. 99，101

捕蝇草 *Dionaea* sp. 99，101

茅膏菜 *Drosera* sp. 99-101

捕虫堇 *Pinguicula* sp. 99，101

海带 *Saccharina* sp. 104-106，108

甘紫菜 *Porphyra tenera* 105

细叶小羽藓 *Haplocladium microphyllum* 107，109，110

泥炭藓 *Sphagnum sp.* 108

溪边凤尾蕨 *Pteris excelsa* 112，113，115

蜈蚣草 *Eremochloa ciliaris* 113-115

友水龙骨 *Polypodiodes amoena* 113-115

一年蓬 *Erigeron annuus* 116，117

鸭跖草 *Commelina communis* 116，117

天胡荽 *Hydrocotyle sibthorpioides* 116

斑地锦 *Euphorbia maculata* 116

芜萍 *Wolffia arrhiza* 116

茉莉花 *Jasminum sambac* 116

巨魔芋 *Amorphophallus titanum* 116，143-145，148

梅 *Armeniaca mume* 116，228，229

豌豆 *Pisum sativum* 14，50，116，200

垂柳 *Salix babylonica* 117

苦草 *Vallisneria sp.* 117

桃 *Amygdalus persica* 118

杏 *Armeniaca vulgaris* 19，20，62，71，118

垂枝红千层 *Callistemon viminalis* 118

热唇草 *Cephaelis tomentosa* 121，123，125，141

百合 *Lilium brownii* var. *viridulum* 62，71，122

玉叶金花 *Mussaenda sp.* 122

乌头 *Aconitum carmichaelii* 122

白头翁 *Pulsatilla chinensis* 122

八仙花 *Hydrangea sp.* 122

珙桐 *Davidia involucrata* 123，124

蕺菜 *Houttuynia cordata* 124

一品红 *Euphorbia pulcherrima* 122，124，125

魔芋 *Amorphophallus rivieri* 124，144

老虎须（箭根薯）*Tacca chantrieri* 126-128，141

圆苞鼠尾草 *Salvia cyclostegia* 130

落花生 *Arachis hypogaea* 132

杨梅 *Myrica rubra* 132

柳兰 *Chamerion angustifolium* 132，157

山姜 *Alpinia sp.* 132

砂仁 *Amomum sp.* 132

两型豆 *Amphicarpaea sp.* 132

香马吉斯兰 *Chamaeangis sp.* 134

香荚兰 *Vanilla planifolia* 134

飘唇兰 *Catasetum viridiflavum* 136

大根槽舌兰 *Holcoglossum amesianum* 136

猴面小龙兰 *Dracula simia* 139-141

角蜂眉兰 *Ophrys speculum* 140，198，199，202

丽斑兰 *Lepanthes sp.* 140，200

文心兰 *Oncidium sp.* 141

鸽子兰 *Peristeria elata* 140，141

意大利红门兰 *Orchis italica* 141

章鱼兰 *Prosthechea cochleata* 141

大王花（大花草）*Rafflesia sp.* 116，143，145-148，155

肯氏大王花 *Rafflesia cantleyi* 147

寄生花 *Sapria himalayana* 147

海椰子 *Lodoicea maldivica* 149-153

苏铁 *Cycas revoluta* 32，36，152

斑叶兰 *Goodyera schlechtendaliana* 153

翅葫芦 *Alsomitra macrocarpa* 157，161

羯布罗香 *Dipterocarpus turbinatus* 158，161

三角槭 *Acer buergerianum* 158，161

白蜡树 *Fraxinus chinensis* 158

巴西斑马木 *Centrolobium robustum* 158

苍耳 *Xanthium strumarium* 162-165

窃衣 *Torilis scabra* 163，165

鬼针草 *Bidens pilosa* 163，165

雀麦 *Bromus sp.* 163

牛膝 *Achyranthes bidentata* 163

淡竹叶 *Lophatherum gracile* 163
狼尾草 *Pennisetum alopecuroides* 163，165
拉拉藤 *Galium* sp. 163
透骨草 *Phryma* sp. 163
地钱 *Marchantia* sp. 26，166
丝瓜藓 *Pohlia* sp. 166
八齿藓 *Octoblepharum albidum* 166
珠芽狗脊 *Woodwardia prolifera* 166，169，171
落地生根 *Bryophyllum pinnatum* 167，168
睡莲 *Nymphaea* 167，168，170
红树 *Rhizophora apiculata* 42，170，171
木榄 *Bruguiera gymnorhiza* 170，171
大彗星兰 *Angraecum sesquipedale* 174，175，177，178，186
长喙天蛾 *Xanthopanmorganii praedicta* 175，178
号角树 *Cecropia peltata* 179-181
牛角相思树 *Acacia cornigera* 181，183
贝壳叶眼树莲 *Dischidia collyris* 181，183
双角兰 *Caularthron bicornutum* 181-183
蚁蕨 *Lecanopteris caruosa* 182，183
丝兰 *Yucca* sp. 184-188，191，192，195，196

艾胶算盘子 *Glochidion lanceolarium* 186-188
金莲花 *Trollius* sp. 187，196
上帝阁 *Lophocereus schottii* 187
薜荔 *Ficus pumila* 189-191
塔黄 *Rheum nobile* 194-197
无叶美冠兰 *Eulophia zollingeri* 95，199，202，229
蝴蝶兰 *Phalaenopsis* sp. 136，154，200
毛瓣杓兰 *Cypripedium fargesii* 200，202
毛粘苔 *Drosera menziesii* 200
蜘蛛兰 *Caladenia* sp. 140，200
壮丽双尾兰（新拟名）*Diuris magnifica* 200
西番莲属 *Passiflora* 203
帝王蝶 *Danaus plexippus* 208-212
马利筋 *Asclepias* sp. 208-212
金合欢 *Acacia farnesiana* 217-220
胡桃 *Juglans regia* 219
日本红松 *Pinus densiflora* 219
甘蓝 *Brassica oleracea* 146，219
栎属 *Quercus* 221
槲栎 *Quercus aliena* 222
卡伐利亚树（大卢榄树）*Sideroxylon grandiflorum* 225
滑桃树 *Trewia nudiflora* 226

致　谢

　　"日头没有辜负我们，我们也切莫辜负日头。"本书付梓之际，我突然想起《边城》里的这句话。2011年，我从湖南一所高校来到上海辰山植物园从事科普教育工作，七年时间一晃而过，感叹流年易逝，青春易老，天天忙忙碌碌，事事仓仓皇皇。感谢上海辰山植物园科普专项基金资助"《植物进化的故事》科普读物编研"课题，有机会让我静下来用心观察身边的花花草草，用文字记录体察世间草木百态之后的一些心得体会。

　　在本书即将付梓之际，我要感谢江苏音图文化有限公司的杨海艳女士，是她细致地为每一个故事手工绘图，使得这些百态草木能形象地展现出来；我要感谢上海科学技术出版社的张晓蕾和唐继荣编辑，是他们的认真负责和一丝不苟，让我笨拙的文字显得稍稍生动一些。

　　国人时常羡慕国外一些科普大作，并由此感叹科普著作之不易。简洁、轻松、明了的文字，博学、严谨的知识，每一项都让我感到费力和不安。因此，我要特别感谢杭州植物园卢毅军博士、中国科学院南京地质古生物研究所傅强博士、中国科学院华南植物园罗世孝博士、中国科学院西双版纳热带植物园的王西敏老师、上海自然博物馆的顾洁燕女士，他们丰富博学的科学知识让我受益匪浅，并为本书提供了众多精彩案例；我还要感谢上海辰山植物园（中国科学院上海辰山植物科学研究中心）的魏宇昆博士、宋以刚博士以及寿海洋、莫海波、钟鑫等同事。他们为本书提供了许多宝贵的素材，提出了修改建议，并增添文学色彩，使之不那么干枯。

　　最后，我要特别感谢家人的鼓励和支持。女儿活泼开朗的性格和勤学好问的精神，激励着我不懈努力地去发现、去探索植物与植物之间、植物与环境之间复杂的关系；爱人严岳鸿博士用严谨的科学精神时刻鞭策我，用挑剔的眼光看待这本科普读物，为我出谋划策，提出了很多宝贵的建议。可以说，没有他们的精神鼓舞就没有这本书。

　　大海拾贝，植物进化的故事犹如饮不尽的甘泉，还有很多很精彩的故事，未能在本书一一展现。正如沈从文所说，"有些路看起来很近走去却很远的，缺少耐心永远走不到头"。科普事业也许是同样的道理。我真切期望，本书的出版能够抛砖引玉，有更多的人能加入这一事业，有更多更精彩的植物进化故事能被发现和诠释。

2018年4月